W0268948

ISBN 978-3-662-22736-7   ISBN 978-3-662-24665-8 (eBook)
DOI 10.1007/978-3-662-24665-8

Die in den Sitzungsberichten Abtlg. I und Abtlg. II der math.-nat. Klasse der Österr. Ak. d. Wiss.
erscheinenden Abhandlungen werden auch einzeln abgegeben. Sie können durch jede Buchhandlung
oder direkt durch die Auslieferungsstelle der Österreichischen Akademie der Wissenschaften (Wien I,
Singerstraße 12) bezogen werden.

Nachfolgende Abhandlungen aus dem Fache **Botanik** (Biologie) sind erschienen:

1957 (S I Bd. 166):

Politis J.: Über die „Tanninoplasten" oder Gerbstoffbildner der Crassulaceae (mit 2 Textabbildungen
und 1 Tafel). S 6.—
Politis J.: Über einen neuen Pflanzenfarbstoff in den Blüten einiger Verbascum-Arten (mit 2 Tafeln).
S 5.20
Übeleis Ilse: Osmotischer Wert, Zucker- und Harnstoffpermeabilität einiger Diatomeen (mit
1 Textabbildung). S 30.40

1958 (S I Bd. 167):

Höfler Karl: Permeabilitätsstudien an Parenchymzellen der Blattrippe von Blechnum spicant (mit
5 Textabbildungen). S 45.—
Rechinger K. H., Dulfer H. und Patzak A.: Širjaevii fragmenta astragalogica IV. S 38.10
Url Walter: Zur Wirkung der Atmungsgifte Natriumazid und Dinitrophenol auf die Permeabilität
von Blechnum spicant-Zellen (mit 3 Textabbildungen). S 25.—
Wawrik Friederike: Hochgebirgs-Kleingewässer im Arlberggebiet III (mit 3 Textabbildungen
und 1 Tafel). S 18.90

1959 (S I Bd. 168):

Biebl Richard: Röntgenstrahlenwirkungen auf Commelinaceenstecklinge (Total- und Partial-
bestrahlungen) (mit 9 Tabellen und 5 Textabbildungen). S 31.20
Höfler Karl: Über die Gollinger Kalkmoosvereine (mit 1 Textabbildung und 1 Tafel). S 34.50
Höfler Karl und Fetzmann Elsa Leonore: Algen-Kleingesellschaften des Salzlackengebietes
am Neusiedler See I (mit 1 Tafel). S 21.50
Hustedt Friedrich: Die Diatomeenflora des Salzlackengebietes im österreichischen Burgenland
(mit 31 Textabbildungen und 1 Tafel). S 53.90
Luhan Maria: Zur Wurzelanatomie unserer Alpenpflanzen. IV. Compositae (mit 9 Textabbildungen
und 4 Tafeln). S 36.90
Pfoser Karl: Vergleichende Versuche über Verholzungsreaktionen und Fluoreszenz (mit 2 Text-
abbildungen und 2 Tafeln). S 18.70
Rechinger K. H., Dulfer H. und Patzak A.: Širjaevii fragmenta astragalogica. S 29.40
Wendelberger Gustav: Die Vegetation des Neusiedler See-Gebietes. S 7.20

1960 (S I Bd. 169):

Bolay Erika: Die Vitalfärbung voller Zellsäfte und ihre cytochemische Interpretation (mit
einer Textabbildung und 5 Tafeln). S 49.—
Ehrendorfer F.: Neufassung der Sektion Lepto-Galium Lange und Beschreibung neuer Arten
und Kombinationen (zur Phylogenie der Gattung Galium, VII). S 12.—
Franz Gertrude: Die Mikroflora einiger Standorte im Leithagebirge in ihrer Abhängigkeit von
Boden und Vegetationsdecke (mit 22 Textabbildungen). S 88.—
Pruzsinszky S.: Über Trocken- und Feuchtluftresistenz des Pollens (mit 12 Abbildungen auf
6 Tafeln). S 63.40

1961 (S I Bd. 170):

Fetzmann Elsalore, Vegetationsstudien im Tanner Moor (Mühlviertel, Oberösterreich) (mit
2 Textabbildungen und 2 Tafeln). S 170—3, S 23.—
Pruzsinszky Siegfried und Url Walter, Ein Beitrag zur Desmidiaceenflora des Lungaues.
S 170—1, S 9.—
Rechinger K. H., Dulfer H. und Patzak A., Širjaevii fragmenta astragalogica XIII. bis
XVII. Teil. S 170—2, S 56.—

1962 (S I Bd. 171):

Niklfeld Harald, Über die Pflanzengesellschaften der Fels- und Mauerspalten Südfrankreichs
(mit 1 Textabbildung und 1 Falttabelle) 171—23, S 52.—
Url Walter, Permeabilitätsversuche an Stengelepidermiszellen von Gentiana germanica und
Gentiana ciliata (mit 8 Textabbildungen) 171—16, S 40.—

Zellphysiologische Untersuchungen am Kallusgewebe einiger Laubhölzer

Von Jakob Krinzinger

(Aus dem Pflanzenphysiologischen Institut der Universität Wien)

Mit 16 Textabbildungen und 4 Tafeln

(Vorgelegt in der Sitzung am 18. Juni 1964)

Inhalt

I. Einleitung

Die Regeneration, also die Wiederherstellung eines ursprünglichen, vitalen Zustandes etwa durch Wachstumsvorgänge, gehört zu den ausgeprägtesten Potenzen des Lebendigen. Der Zusammenhang zwischen der Fähigkeit zu wachsen und dem Regenerationsvermögen läßt sich bei höheren Pflanzen in verschiedenen Geweben deutlich erkennen. Die primitive Pflanze besitzt die bessere Regenerationsfähigkeit, in der höheren Pflanze findet sich dieses Ver-

mögen insbesondere (und manchmal ausschließlich) in sozusagen
„primitiven" Zellen bzw. Geweben. Die ausdifferenzierten, älteren
Zellen verlieren die Potenz der Regeneration verständlicherweise
mit der Spezialisierung auf eine besondere Aufgabe in steigendem
Maß. Nur in seltenen Fällen kann — durch äußere Einflüsse ver-
ursacht — auch in älteren Zellen eine Regenerationstätigkeit beobachtet werden. Man kann also mit Küster eine direkte Regeneration
von einer vermittelten Regeneration, welche zum Beispiel bei der
Kallusbildung vor sich geht (Küster 1925), unterscheiden.

Es gibt bei den Pflanzen verschiedene Regenerationsmöglich-
keiten. Als regelmäßige Leistung mancher Pflanzen treffen wir
direkte Regeneration als Stockaustreiben, Ausläuferbildung an
Wurzelstöcken und Achsen. Von dieser art- und gewebespezifischen
Regeneration ist die durchaus nicht spezifizierte Regeneration nach
Verwundung zu unterscheiden. Diese indirekte Regeneration
vollzieht sich meist als Kallusbildung (Unterscheidung nach
Küster 1925). Küster definiert die Kallusbildung mit folgenden
Worten: „Wenn die Wachstumsvorgänge, die sich an der Wund-
fläche abspielen, zur Bildung einer lockeren, parenchymatischen
Gewebeschicht führen, so nennen wir das abnorme Gewebe einen
Kallus, gleichviel, ob er wenige oder zahlreiche Zellenlagen mächtig
ist, und unabhängig davon, ob sich die vom Wundreiz getroffenen
Zellen nur vergrößert oder auch mehr oder minder oft geteilt haben"
(Küster 1925: 76). Demgegenüber nennt Schlumberger (in
Sorauers Handbuch der Pflanzenkrankheiten, 1934) den Kallus
ein „Wundgewebe schlechthin", weil Kallusbildung „die erste und
oft einzige Phase der Wundheilung" darstelle. Diese nähere Be-
stimmung der Sache von ihrem Zweck bzw. Effekt her (also von der
Wundheilung her), ist wohl nicht ganz zutreffend. Da dürfte doch
der Gesichtspunkt der Ursache zielführender sein. Diesem trägt
Krenke in seiner Definition sehr klar Rechnung. Er schreibt:
„Kallus ist jede durch Wundreizung hervorgerufene ‚interorgane'
Bildung, die durch Wachstum und Zellteilung entstanden ist"
(Krenke 1934: 234). Der Ausdruck „interorgan" wird durch eine
Fußnote als „eine Bildung, welche nach ihrem Bau und ihrer Funktion nicht einem bestimmten Organ zugeordnet werden kann"
erläutert. Damit ist der Kallus im engeren Sinn gegen stärker
differenzierte Bildungen (z. B. Wundholzgewebe) deutlich abgegrenzt und die vermittelnde Rolle des Kallus für pflanzliche Neubildungen gut herausgestellt.

Die Ursache der Kallusbildung ist also nach Krenke und
nach Küster der Wundreiz. Was löst aber diesen Wundreiz aus?
Ist es ein Reizstoff oder sind andere Faktoren maßgeblich?

Für die Existenz solcher Reizstoffe finden wir in der Literatur Angaben, die einem Wundstoff „Traumatin" bzw. einem Wundhormon die auslösende Kraft solcher Wachstumsvorgänge zuschreiben (HABERLANDT 1922, KÜSTER 1925, STRASBURGER 1962, TROLL 1959). Versuche, die das Vorhandensein dieser Stoffe beweisen sollen (vgl. KÜSTER 1925), wurden immer wieder durchgeführt, sind aber widersprüchlich und nicht eindeutig. KAUSSMANN erwähnt in seinem Lehrbuch (1963 : 222), daß Traumatin als eine zweibasische ungesättigte Fettsäure isoliert werden konnte. Neben solchen eigentlichen Wirkstoffen mit spezifischer Funktion im Stoffwechsel werden aber für die Kallusbildung als Wundstoffe auch End- und Zersetzungsprodukte angeführt (HABERLANDT 1922, KAUSSMANN 1963).

Es dürfte sich also nicht so sehr um Stoffe handeln, die in einer komplizierten Aufbaureaktion hergestellt und dann vom Organismus „zielstrebig" eingesetzt werden (Hormone), sondern vielmehr um Zersetzungsprodukte, die als Folge einer Verwundung entstehen und die Funktion eines „Reizmittels" ausüben. Solche Wundhormone sind zwar der nächste Anlaß für die Kallusbildung, dürften aber ihrerseits eher ein Ausdruck der Verwundung sein als ein Wundreiz.

Es ist also für die Klärung der Ursache der Kallusbildung notwendig, die anderen Faktoren einer Verwundung ins Auge zu fassen. Es geht dabei um eine Reihe von Vorgängen, die wichtigste Funktionen der Pflanze unterbinden, den Zusammenhang der Verbrauchstellen unterbrechen und vor allem die Stoffbildung und -verteilung inaktivieren (SCHLUMBERGER 1934). Aber nicht nur solche Störungen des Zusammenspieles der Lebensvorgänge der Pflanze als Ganzes sind in Betracht zu ziehen. Auch die Veränderungen, die in der Einzelzelle vor sich gehen, sind beachtlich. So tritt unter der Einwirkung einer Verwundung Koagulation des Plasmas ein, seine Permeabilität weicht vom Normalwert ab, ebenso die plasmatische Viskosität. Die Turgorverhältnisse ändern sich stark. Auch die karyologische Struktur wird am Wundrand in Mitleidenschaft gezogen (KRENKE 1933).

Zu diesen physiologischen Faktoren einer Verwundung kommen noch die rein mechanischen. Durch die Verwundung wird zum Beispiel der Rindendruck mehr oder weniger aufgehoben. Dadurch kann die Fähigkeit zu wachsen in den nicht differenzierten Zellen im Inneren leichter zur Entfaltung kommen. Die Gewebespannung, bzw. das Nachlassen einer solchen hat auf die Regeneration einen entscheidenden Einfluß (SCHLUMBERGER 1934).

Soviel also einleitend zur Frage: Was löst die Kallusbildung aus? Es zeigt sich, daß die Verwundung als auslösendes Moment etwas sehr Komplexes ist. Die Diskussion über „Wundhormone" als Reizmittel ist noch im Fluß. Doch können wir folgendes festhalten: Die Kallusbildung wird ausgelöst durch Veränderungen des Stoffwechsels und des physikalischen Zustandes der von einer Verwundung betroffenen Zellen.

Die Bereitschaft zur Kallusbildung ist bei den Pflanzen nach Gruppen und Arten verschieden (Schlumberger 1934). Sie kommt aber prinzipiell allen Pflanzen zu, wie viele Untersuchungen an verschiedensten Objekten zeigen (vgl. Krenke 1933, Schlumberger 1934 und vor allem Küster 1925).

Zahlreiche Arbeiten (vgl. Küster 1925) zeigen uns, daß bei Algen und Pilzen nicht bloß die ihrer einfachen Organisation entsprechende direkte Regeneration (vegetative Vermehrung), sondern auch die vermittelte Regeneration als regelrechte Kallusbildung häufig vorkommt. Bei den Gefäßkryptogamen wird der Kallus spärlich entwickelt, bei den Mono- und Dikotyledonen sehr reichlich (Schlumberger 1934). Aber nicht nur die verschiedenen Pflanzengruppen, sondern auch die verschiedenen Gewebe besitzen eine unterschiedliche Bereitschaft zur Kallusbildung. Prinzipiell stellen sich solche Wachstumsvorgänge an allen Geweben ein, jedoch am leichtesten an meristematischen Geweben (Kambium). Aber auch das Grundgewebe an Achsen, Blättern, Reserveorganen kann leicht Kallus bilden (Küster 1925, Schlumberger 1935).

Abgesehen von der unterschiedlichen Bereitschaft zur Kallusbildung sind für das Zustandekommen solcher Wucherungen eine Reihe von Bedingungen maßgebend, die die Bildungs- und Differenzierungszeit und auch die Produktionsmenge beeinflussen. Als innere Faktoren sind vor allem Gewebekorrelationen (besonders Gewebespannung) und Organkorrelation (z. B. Seitentrieb- oder Knospenentwicklung) zu nennen (Küster 1925). Die Bedeutung der äußeren Bedingungen für die Kallusbildungen, der Temperatur, der Luftfeuchtigkeit, der Sauerstoffzufuhr und des Lichtes ist sehr groß, wie zahlreiche entsprechende Untersuchungen zeigen (vgl. Küster 1925, Krenke 1934, Schlumberger 1935).

Die Wachstumsvorgänge der Kallusbildung sind aber nicht bloß vom Standpunkt der Ursächlichkeit, wie er im Vermögen der Pflanze und in den notwendigen äußeren Einflüssen zum Ausdruck kommt, interessant, sondern auch von ihrer Zweckmäßigkeit her. Es werden nämlich durch die Kallusbildung die Funktionsstörungen, die durch die Verwundung eingetreten sind, wiederum kompensiert (Schlumberger 1934). Es werden Risse im Inneren des Gewebes verkittet, äußere Wunden verschlossen, unterbrochene Leitungsbahnen wieder hergestellt und neue Meristeme gebildet (KÜSTER 1925). Dies zeigt, daß der Kallus nicht nur als lokaler Wundverschluß betrachtet werden darf. In der Folge der Wundkompensation kommt es dann auch zum Vorgang der Differenzierung im Gewebe.

Bei ganz jungem Kallus kann noch keine Differenzierung festgestellt werden. Bei reichlicher Produktion stellt sich dann zuerst ein Unterschied in der Zellgröße ein. Im Laufe der weiteren Entwicklung bilden sich im inneren Teil Tracheidengruppen. Der nächste Schritt besteht in der Bildung von Präkambialsträngen in der Nähe der Tracheidenkerne (die sich also als Xylemkerne erweisen). Sehr früh treten auch Steinzellen mit getüpfelten Membranen auf. Bei einem derartigen Stand der Differenzierung läßt sich die Wundholzbildung schon gut erkennen, die dann durch die Entwicklung von „Hautgewebe" vervollständigt wird. Das geht so vor sich, daß die Randzellen, die sich anfangs als blasige Schläuche präsentieren, zuerst einmal verkorken, daß dann aber ziemlich rasch ein regelrechtes Rindengewebe gebildet wird (KÜSTER 1925).

Bei Wundverschluß an Achsen von Holzpflanzen teilen sich die Zellen zunächst vom Kambium aus und septieren dann senkrecht zur Längsachse. Es entstehen auf diese Weise kleine Prismazellen. Diese wachsen weiter in der Richtung des Radius; es kommt also zu einem Dickenwachstum. So entsteht ein sogenannter „Lohdenkeil" (HARTIG, nach KÜSTER 1925). Die Richtung der Tätigkeit des Kambiums bleibt dabei unverändert, gleichgültig, ob die Wunde horizontal oder vertikal liegt.

Aus dieser kurzen Übersicht über den Problemkreis der Kallusbildung ergeben sich eine Reihe von Fragen, die für die Zellphysiologie interessant sind. Die Fragen des Wachstums und der Differenzierung wurden bisher fast ausschließlich anatomisch behandelt. (Die Auxinarbeiten in unserem Gebiet befaßten sich hauptsächlich mit quantitativen Fragen. Vgl. ROGENHOFER 1936, MEYER 1956.) Es sollte darum die zellphysiologische Methodik eingeführt werden, um die Problematik der Ursächlichkeit und Zweckmäßigkeit von dieser Seite aufzurollen. Davon ist wohl keine vollständige Klärung der Probleme zu erwarten; es besteht aber doch die Aussicht, die Verhältnisse bei den Wachstumsvorgängen besser kennenzulernen und dadurch der eigentlichen Fragestellung wirklich näher zu kommen.

So rücken naturgemäß im Laufe der Arbeit die stofflichen Gegebenheiten und Veränderungen (Bildung von sekundären Speicherstoffen) in den Vordergrund des Interesses.

Die Vitalfärbung hat in den letzten Jahren als Methode der Zellphysiologie neue Impulse bekommen. Die Entwicklung begann mit Höfler (1947a, b und 1949a, b), der das Phänomen der Metachromasie basischer Vitalfarbstoffe in Vakuolen mit dem Ionenfallmechanismus (in „leeren" Zellsäften), bzw. durch Farbstoffbindung (in „vollen" Zellsäften) zu erklären vermochte. Durch Härtel (1951) wurden die Inhaltsstoffe der „vollen" Zellsäfte mit Gerbstoffen in Verbindung gebracht. Kinzel (1958) sicherte auch Flavonoide als farbspeichernde Inhaltsstoffe der Zellsäfte. Nach diesen Untersuchungen bekam die Vitalfärbung von Vakuolen zu ihrer methodischen Bedeutung noch einen diagnostischen Aspekt (Kinzel und Bolay 1961). Vor allem wurde die Art der Entmischungskörper, die nach Vitalfärbung in den Zellsäften auftreten, neben den metachromatischen Erscheinungen zur Identifizierung der sekundären Inhaltsstoffe herangezogen. Diese Methode ergänzt die bekannten mikrochemischen Reaktionen (Gerbstoffnachweise) gut. Die Vitalfärbung kann also rasch Aufschlüsse über die stofflichen Vorgänge der Kallusbildung liefern.

Die klassische und ausgearbeitete plasmolytische Methode stößt beim Objekt der vorliegenden Untersuchungen auf manche Schwierigkeiten. Denn schon nach wenigen Versuchen wird klar, daß außer der echten, von außen induzierten Plasmolyse (vgl. Höfler 1963) auch andere Kontraktionserscheinungen, die sowohl vitalen als auch nekrotischen Charakter tragen, auftreten können. Es scheint sogar, daß gerade im Bereich des Regenerationsgewebes sowohl reversible Reizplasmolysen als auch nekrotische „falsche" Plasmolysen besonders leicht zustande kommen. Außerdem besteht eine starke Neigung zu Vakuolenkontraktion bzw. Tonoplastenbildung (Weber 1929). Schließlich können auch außerordentlich große Entmischungskörper Tonoplasten oder „falsche" Plasmolysen vortäuschen. Auch hier ist die Vitalfärbung in Verbindung mit der Plasmolyse eine gute Methode, die Gegebenheiten zu klären.

Die Zielsetzung dieser Arbeit läßt sich auf Grund der Methoden klar umreißen. Es wird vor allem darum gehen, innere Veränderungen und Vorgänge bei der Kallusbildung zu verfolgen. Doch wenn auch die Fragestellung in erster Linie der Zellphysiologie gilt, so sind für ein halbwegs ganzheitliches Bild einige anatomische und entwicklungsphysiologische Fragen zu behandeln.

Daraus ergibt sich für die vorliegende Arbeit eine Aufgliederung in zwei Teile. Der erste soll der Entwicklungsphysiologie und der Anatomie gewidmet sein, während ein zweiter — und entsprechend der Zielsetzung umfangreicherer — Teil die zellphysiologischen Untersuchungen beinhalten soll.

II. Versuchsmaterial und Methodik

Die vorliegenden Untersuchungen wurden an Kallusbildungen verschiedener Holzgewächse aus dem Wiener Raum angestellt. Es wurden kleine Stamm- und Zweigstücke in der Länge zwischen 20 und 30 cm (je nach der Anzahl der Knospenlagen) mit einem Durchmesser von 8 bis 19 mm gesammelt und gründlich durch Spülen mit Wasser gereinigt. Die Schnittflächen mußten behutsam mit einem scharfen Gartenmesser hergestellt werden, weil Quetschungen, wie sie am Zweig etwa durch das Zwicken mit einer Zange entstehen, unregelmäßige Bildungen und Wucherungen hervorriefen, die für unsere Untersuchungen nicht brauchbar waren. Der Schnitt wurde immer gerade unter- bzw. oberhalb einer Knospenanlage geführt, weil bei manchen Pflanzen größere Abschnitte zwischen Knospe und Schnittfläche abdorrten.

Stecklinge, die auf diese Weise präpariert waren, wurden dann in Glasbehälter mit möglichst hoher Luftfeuchtigkeit gehängt. Das erreichte ich dadurch, daß ich die Innenwand des Gefäßes mit Saugpapier auskleidete, das von unten bis oben an den Rand des Gefäßes reichte. Daraufhin füllte ich den Behälter ungefähr 5 cm hoch mit Wasser. So konnte das Wasser an den Wänden hochgesaugt werden und reichlich verdunsten. Wenn das Gefäß gut zugedeckt war, wurde die Luftfeuchtigkeit von 100 % erreicht, wie durch ein sorgfältig geeichtes Haarhygrometer festzustellen war. In dieses Gefäß wurden die Stecklinge so eingebracht, daß sie an einem oben im Behälter eingeklemmten Trägerstab mittels isolierten Drahtes aufgehängt wurden.

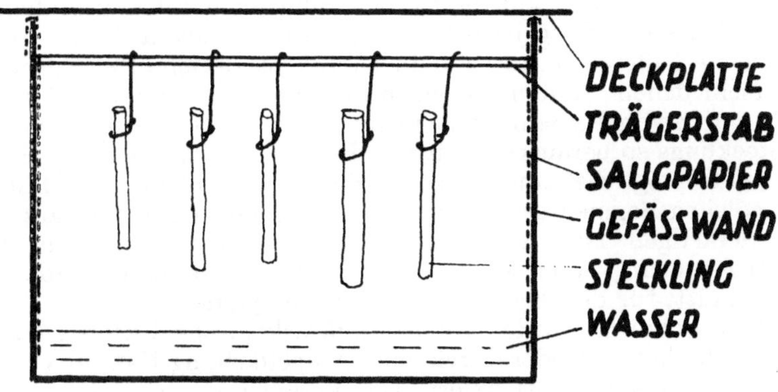

Abb. 1. Vorrichtung zur künstlichen Kallusbildung.

Das Gefäß mit den Stecklingen wurde im Glashaus des Institutes aufgestellt. Die Temperatur betrug durchschnittlich 22,5°C. Für exakte Temperaturuntersuchungen wurden solche Gefäße in Thermostaten gestellt, die auf 27° und 32°C eingestellt waren.

Für die Untersuchungen wurden folgende Pflanzen herangezogen (Namen nach dem Catalogus Florae Austriae von E. JANCHEN, 1956—1960; in Klammer ist der Fundort beigefügt): *Acer campestre* (Wienerwald, Schottenhof), *A. negundo* (Stockerau), *A. platanoides* (Lobau), *A. pseudoplatanus* (Wien, Hausgarten), *Ailanthus peregrina* (Stockerau), *Aesculus hippocastanum* (Wien, Hausgarten), *Alnus incana* (Regelsbrunn), *Betula verrucosa* (Stockerau), *Carpinus betulus* (Stockerau), *Cornus sanguinea* (Stockerau), *Corylus avellana* (Stockerau), *Crataegus monogyna* (Regelsbrunn), *C. oxyacantha* (Wienerwald, Schottenhof), *Evonymus europaea* (Stockerau), *Fagus silvatica* (Wienerwald, Schottenhof), *Forsythia* (Wien, Hausgarten), *Fraxinus excelsior* (Stockerau), *Juglans regia* (Regelsbrunn), *Juniperus maxima* (Gärtnerei Albern), *Padus avium* (Stockerau), *Philadelphus coronarius* (Wien, Hausgarten), *Populus alba* (Stockerau), *P. canadensis* (Wien, am Donaukanal), *P. nigra* (Prater), *P. tremula* (Stockerau), *Quercus petrea* (Wienerwald, Schottenhof), *Q. robur* (Stockerau), *Robinia pseudacacia* (Stockerau), *Salix smithiana* (Augarten, Institutsgärtnerei, nach F. ENCKE, 1958, ein Bastard: *S. caprea* × *S. viminalis*), *Syringa vulgaris* (Regelsbrunn), *Sorbus aria* (Wienerwald, Schottenhof), *Tilia cordata* (Stockerau), *T. platyphyllus* (Lobau), *Ulmus carpinifolia* (Regelsbrunn), *Viburnum lantana* (Lobau), *V. opulus* (Stockerau), *Vitis vinifera* (Brunnkirchen).

Die Untersuchungen an diesen Pflanzen bezogen sich einesteils auf die Fähigkeit und auf die Geschwindigkeit der Kallusbildung, was in Tabellen festgehalten wurde, andernteils auf die fortschreitende Differenzierung, die durch mikroskopische Betrachtung in verschiedenen Stadien beobachtet wurde. Zu diesem Zweck wurde, 5 mm von der Schnittfläche mit Kallus entfernt, ein Segment des Stecklings so herausgeschnitten, daß der Kalluswulst mit Holz und Rinde möglichst unverletzt in Verbindung blieb. Die Hälfte eines solchen Segmentes wurde dann zwischen Hollundermark in einer derartigen Lage eingebettet, daß mit dem Mikrotom ein Schnitt gemacht werden konnte, der für den Steckling ein radialer Längsschnitt, für den Kalluswulst aber ein Querschnitt war.

Diese Schnitte wurden für die mikroskopische Untersuchung in einer Alkoholreihe oder durch eine Doppelfärbung Hämatoxylin-Safranin (MOLISCH 1923) fixiert. Die Verholzung wies ich jeweils durch die Phloroglucin-Salzsäure-Reaktion bzw. mit der Mäule-

Reaktion nach (Molisch 1923), Pfoser 1959), die Verkorkung durch Färbung mit Sudan III (Molisch 1923). Um das Vorhandensein von Siebröhren lokalisieren zu können, verwendete ich die Reaktion auf Callose mit Resorzinblaulösung nach dem Rezept von Wurster und Tswett (Eschrich 1956). Ein Kontrollversuch an *Vitis*-Schnitten mit ihren charakteristischen Callosepolstern ergab eine prachtvolle Färbung, die ich auch in gleicher Weise an Kallusschnitten erzielte, wodurch eine vorhandene Siebröhrenschicht deutlich gemacht wurde.

Für die physiologischen Untersuchungen wurde hauptsächlich Kallus einer Weide vom Augarten (vgl. *Salix smithiana*), und zwar immer vom selben Baum verwendet. Die Schnitte kamen möglichst rasch nach dem Schneiden in Leitungswasser oder in eine 0,1% Traubenzuckerlösung, die sich für die bessere Erhaltung als vorteilhaft erwies. Von da wurden die Schnitte in verschiedene Farbstofflösungen gebracht (wobei bei längeren Färbezeiten öfter für Durchbewegung gesorgt wurde) oder sie wurden verschiedenen Gerbstoffreaktionen unterworfen. Die verwendeten Farbstoffe sind in der Tabelle 1 zusammengestellt. Die Einstellung auf die ent-

Tabelle 1:

Farbstoffe für Vitalfärbung

	Neutralrot (NR)	Brillant-cresylblau (BCB)	Toluidin-blau (TB)	Acridin-orange (AO)	Rhodamin B (Rh B)
Farbstoffgruppe	Azin-Fa basisch	Oxacin-Fa basisch	Thiazin-Fa basisch	Acridin-Fa basisch kathodisch Flc	Xanthen-Fa el.-neutral
Umschlagspunkt	7,3	8,3	11,2	7,0	—
positive Metachromasie	orangerot	violett	violett	gelb rote Fl	—
negative Metachromasie	violettrot	blaugrün	blaugrün	grüne Fl	violettrot gelbrote Fl
Konzentration	1: 10000 1:100000	1:10.000	1:10.000	1:10.000	1:10.000
pH-Werte	LW	8,3	9—10	AD	AD

Literatur: Bartel und Schwantes 1956; Drawert 1956; Hirn 1953; Höfler 1947a, b; Höfler und Schindler 1956; E. Huber 1955; Kinzel 1955, Perner 1950; Strugger 1938.

Abkürzungen: LW = Leitungswasser, AD = destilliertes Wasser, Fa = Farbstoff, Fl = Fluoreszenz, Flc = Fluorochrom.

sprechenden p_H-Werte erfolgte durch Phosphatpuffergemisch des primären und tertiären Phosphates. Die gefärbten Schnitte gelangten nach Abspülung auf den Objektträger und wurden im Lichtmikroskop bzw. Fluoreszenzmikroskop beobachtet.

In Verbindung mit dieser Anfärbung wurden auch verschiedene Nachweise von sekündären Inhaltsstoffen in der Zellvakuole in der Art durchgeführt, wie sie von Bolay (1960) angeführt werden. Eine Tabelle der Reagenzien mit den wichtigsten Hinweisen wird im V. Kapitel gebracht. Die Reaktionen wurden an ungefärbten und gefärbten Schnitten durchgeführt, um eine Zuordnung der Färbung (bzw. einer Färbefällung) und der Art der sekundären Inhaltsstoffe leichter zu ermöglichen.

Um große Entmischungskörper von Teilvakuolen unterscheiden zu können, wurde Plasmolyse angewendet. Es ist ja zu erwarten, daß eventuell vorhandene Entmischungskörper eine regelmäßige, zur Hypertonie parallele Kontraktion nicht mitmachen, während Vakuolen und Teilvakuolen ihr Volumen entsprechend der Konzentration ändern.

Die Veränderungen der Größe der Vakuolen und Teilvakuolen wurde an ein und derselben Zelle durch ein Okularmikrometer kontrolliert.

Die anatomischen Skizzen wurden nach einem Visopan-Gerät angefertigt. Dieses Instrument ermöglicht es, die Objekte nicht mittels einer Lupe über ein Okular zu beobachten, sondern durch Projektion auf einer Mattscheibe zu betrachten. Das ist für das Zeichnen eine erhebliche Erleichterung, besonders dann, wenn große Übersichten skizziert werden sollen, wie es hier der Fall ist.

III. Bau und Entwicklung des Kallus

Betrachtet man zunächst äußerlich ohne Mikroskop die Entwicklung des Kallus, so fallen Unterschiede auf, die zum Teil der Pflanzenart eigen sind, zum Teil auf bestimmte Bedingungen zurückzuführen sind (z. B. verschiedene Organlage, verschiedene Temperatur). Darüber mögen einige Tabellen berichten. Nimmt man für die Untersuchung der Entwicklung das Mikroskop zu Hilfe, so finden sich ähnliche Unterschiede. Das sollen einige Skizzen veranschaulichen.

Verschiedene Dauer der Kallusbildung

Die Tabellen 2 und 3 zeigen die Entwicklung des Kallus an einigen Stecklingen aus Stockerau. Es ist eingetragen, ob ein Unterschied der Entwicklung am basalen (ba) und apikalen (ap) Ende des Stecklings besteht. Die Mächtigkeit der Entwicklung wurde als Mittel von 4—5 Stecklingen durch verschiedene Zeichen eingetragen: —+ für kleine, aber doch deutlich sichtbare Wucherungen; ++ für größere Gebilde von ca. 1 mm Mächtigkeit; „W" für einen ringförmigen Wulst. In einigen Fällen trat nach einiger Zeit Verpilzung und Fäulnis ein, so daß der Kallus zugrunde ging. Dies wurde durch X in der Tabelle vermerkt.

Die Zubereitung des Versuchsmaterials erfolgte wie vorhin angegeben. Das Glasgefäß mit den Stecklingen wurde im Glashaus

Tabelle 2:

Stecklinge aus Stockerau, gesammelt am 8. 3. 1963

	12. 3.		15. 3.		19. 3.		23. 3.		3. 4.	
	ap	ba	ap	ba	ap	ba	ap	ba	ap	ba
Acer negundo	——	——	++	++	++	++	++	++	X	
Corylus avellana	——	——	——	+W	—+	+W	—+	+W	++	+W
Ulmus carpinifolia	——	——	——	++	—+	++	++	++	++	++
Ailanthus peregrina	——	——	——	—+	—+	++	++	++	++	++
Evonymus europaea	——	——	——	——	—+	++	—+	++	—+	++
Cornus sanguinea	——	——	——	——	——	——	——	—+	X	
Fraxinus excelsior	——	——	——	——	——	——	——	—+	——	—+

(Erklärungen im Text)

Tabelle 3:

Stecklinge aus Stockerau, gesammelt am 28. 3. 1963

	3. 4.		5. 4.		11. 4.		13. 4.	
	ap	ba	ap	ba	ap	ba	ap	ba
Crataegus oxyacantha	++	++	++	++	++	++	X	
Padus avium	++	++	++	++	++	++	++	++
Populus alba	—+	++	++	++	++	++	++	+W
Viburnum opulus	—+	++	++	++	X		X	
Cornus sanguinea (jung)	——	—+	++	++	++	++	++	++
Betula verrucosa	——	++	—+	++	++	++	X	
Carpinus betulus	——	++	—+	++	++	++	X	
Robinia pseudacacia	——	—+	—+	++	++	++	X	
Ailanthus peregrina	——	++	——	+W	X		X	
Fraxinus excelsior	——	——	——	—+	——	++	——	++
Tilia cordata	——	——	——	—+	——	++	——	++
Cornus sanguinea (alt)	——	——	——	——	——	——	——	—+
Acer negundo	——	——	——	——	——	++	——	++
Quercus robur (alt)	——	——	——	——	——	—+	——	—+
Quercus robur (jung)	——	——	——	——	——	——	——	—+

(Erklärungen im Text)

(an einem Platz mit ziemlich gleichmäßiger Temperatur) aufgestellt.
Die mittlere Temperatur betrug dort in dieser Zeit 22,5⁰C, bei
Schwankungen zwischen 19⁰ und 26⁰C. Die Kontrolle der Tempe-
ratur erfolgte ständig durch Messen außerhalb und innerhalb des
Gefäßes.

Die zwei Tabellen zeigen, daß die Schnelligkeit der Entwicklung von Kallusgewebe artspezifisch ist, daß aber im Laufe der Zeit
bei allen diesen Pflanzen eine Kallusbildung möglich ist. Es zeigt
sich auch, daß neben einer arteigenen Bildungszeit (*Ailanthus,
Populus, Prunus* mit schnellerer Entwicklung; *Cornus,Fraxinus,
Quercus* mit langsamerer Entwicklung), auch individuelle Unterschiede recht bedeutend sein können. Bei *Acer* besteht eine Differenz
von 8 Tagen. Auf diese individuellen Unterschiede näher einzugehen,
ist hier nicht möglich. Es soll aber angeführt werden, daß für die
Entwicklung eines Kallus auch die gegenseitige Lage von Gewebe
und Organen am Steckling eine Rolle spielt. Es besteht zum Beispiel
bei Seitentriebenentwicklung eine schwächere Bereitschaft zur
Kallusbildung als dann, wenn keine Seitentriebe entwickelt werden.
Dazu kommt noch der Einfluß der Ernährungslage, und zwar
sowohl in der ganzen Pflanze als auch in den verschiedenen Teilen
der Pflanze. So ist in der Nähe der Gefäße (Blattnerven) infolge der
besseren Ernährungslage eine intensivere Kallusbildung beobachtet
worden (Küster 1925).

Eine Serienuntersuchung an vielen Stecklingen ein und derselben Pflanze (*Salix smithiana,* Augarten) ergab, daß geringelte
Stecklinge zuerst an der Ringwunde Kallus bilden, erst dann an den
Enden. Das Phänomen der Polarität der Wachstumsvorgänge
(Küster 1925, Krenke 1934) findet sich bestätigt (vgl. Tab. 2
und 3). Die dickeren Stämmchen bilden rascher und ergiebiger ein
Wundgewebe aus. Wir stellen fest, daß die neugebildeten Ruten in
der Fähigkeit, Kallus zu bilden, hinter den älteren Ästen zurück-
bleiben. Wenn in der Nähe der Wunde ein Seitentrieb abzweigt oder
eine Kätzchenknospe sitzt, so bildet sich an dieser Wunde besonders
rasch und besonders viel Kallus.

Diesbezügliche Ergebnisse sind in Tabelle 4 wiedergegeben. Es
ist wiederum die Mächtigkeit mit — —, — + und + + (bzw.
W = Wulst) eingetragen. Außerdem wird angegeben, ob es sich um
einen Lang- oder Kurztrieb handelt, wie stark der Durchmesser
des Stecklings ist, ob Seitentriebe oder Kätzchenknospen vorhanden
sind.

Mit den angeführten Beobachtungen über die Schnelligkeit der
Entwicklung eines Kallusgewebes stimmen auch die Befunde über
die Differenzierungszeit, die ich aus Mikrotomschnitten verschie-

Tabelle 4:

Salix smithiana, Augarten, eingebracht am 12. 3. 1963

	D	14. 3.	19. 3.	23. 3.	3. 4.	5. 4.	13. 4.
Ring	18 K	+ −	+ +	+ +	+ +	+ +	+ +
Spitze		− −	− +	− +	− +	− +	− +
Basis		− −	− +	+ +	+ +	+ +	+ +
Spitze	12 LS	− −	− −	− +	− +	− +	− +
Basis		− +	− +	− +	+ +	+ +	+ +
Spitze	16 LTS	− −	− −	− −	− −	− −	− −
Basis		− +	− +	+ +	+ W	+ W	X
(Äste)				− +	− +	+ +	X
Spitze	18 KSB	− −	− −	− +	− +	+ +	X
Basis		− +	+ +	+ +	+ W	+ W	X
Äste		− −	− +	+ +	+ +	+ +	X
Spitze	13 LB	− −	− −	− +	− +	− +	X
Basis		− +	− +	+ +	X	X	X
Spitze	12 L	− −	− −	− +	− +	+ +	X
Basis		− −	− +	+ +	+ +	+ +	X
Spitze	12 LB	− −	− −	− −	− −	− −	X
Basis		− −	− +	+ +	+ W	+ W	X
Spitze	15 LB	− −	− −	− −	− −	− −	− −
Basis		− −	− +	+ +	+ +	+ +	+ +
Spitze	11 LB	− −	− −	− −	− −	− −	X
Basis		− −	− +	− +	+ +	+ W	X
Spitze	19 LB	− −	− −	− +	+ +	+ +	+ +
Basis		− −	+ +	+ W	+ W	+ W	+ W

K = Kurztrieb
L = Langtrieb
S = Seitentrieb
B = Blütenstandknospen
T = kräftige Triebknospen
D = Durchmesser in Millimetern

(Erklärung im Text)

dener Stecklinge bekommen habe, recht gut überein. Es ist zu beobachten, daß *Fraxinus* nach 22 Tagen noch recht schwach differenziert ist, während *Padus avium* nach 25 Tagen sehr starke Differenzierung im Kallusgewebe zeigt (es ist schon Wundholzbildung eingetreten). Bei *Viburnum lantana* beginnt die Verholzung bereits nach 23 Tagen (Abb. 2 und 3).

Populus erscheint bemerkenswerterweise nach 25 Tagen noch spärlich differenziert, doch muß dabei auf den Umstand verwiesen werden, daß dieser Kallus bei einer Temperatur von 18°C zustandekam, während alle anderen Stecklinge in einer Temperatur von ca. 22°C gediehen waren (vgl. Temperaturabhängigkeit). Bei dieser

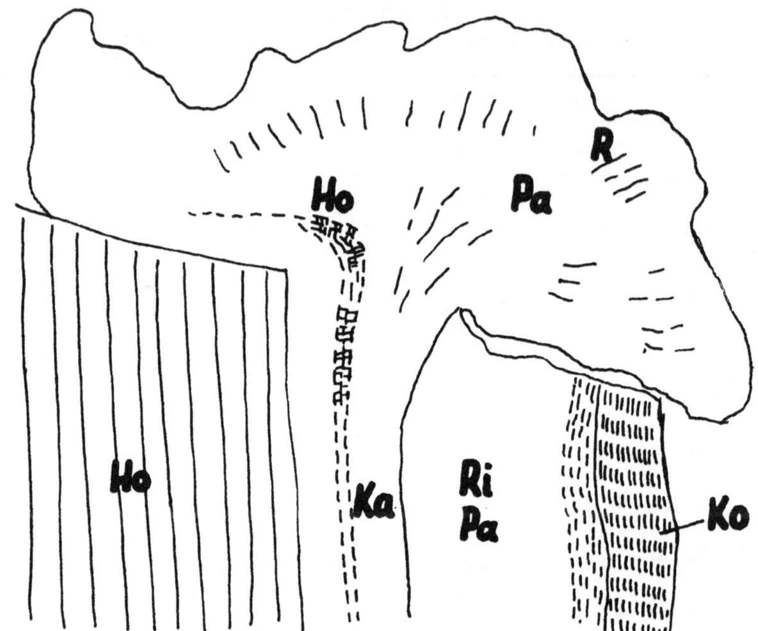

Abb. 2. *Viburnum*, Kallus (22 Tage alt, 22,5⁰C): Schwache Differenzierung im Gewebe, beginnende Verholzung.
Abkürzungen: Bf = Bastfasern, Ho = Holzteil, Ka = Kambium, Ko = Kork, Pa = Parenchym, Ph = Pellogen, R = Reihen von Zellen, Ri = Rinde, Si = Sieberöhren, WHo = Wundholz.

Pflanze fällt außerdem auf, daß auch vom Rindenparenchym aus Kallus gebildet wird. Es soll hier nur darauf hingewiesen werden, im zellphysiologischen Teil dieser Arbeit wird diese Beobachtung eingehender behandelt (Abb. 4).

Temperaturabhängigkeit der Kallusbildung

Unter den äußeren Bedingungen, die die Kallusbildung beeinflussen, ist an erster Stelle die Temperatur zu nennen. Um den Einfluß der Temperatur zu zeigen, wurde sie variiert und das Ergebnis in einer Tabelle zusammengefaßt (Tabelle 5).

Die Stecklinge wurden für diesen Versuch wie üblich in drei Gefäße, die konstante Luftfeuchtigkeit aufwiesen, eingebracht. Diese Gefäße wurden dann verschiedenen Temperaturen ausgesetzt. Eines wurde in einen Thermostaten mit 32⁰C gebracht, ein anderes

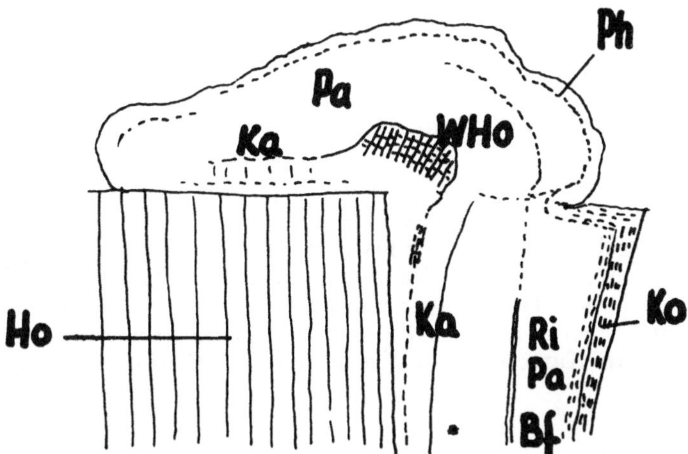

Abb. 3. *Padus*, Kallus (25 Tage alt, 22,5⁰C): Die Mächtigkeit ist im Vergleich zu *Viburnum* geringer, jedoch ist die Differenzierung schon weit fortgeschritten (Wundholz und Phellogen bereits vorhanden).

in einen Thermostaten mit 27⁰C, das dritte an seinem gewohnten Platz im Glashaus aufgestellt, wo also eine durchschnittliche Temperatur von 22,5⁰C herrschte. Der Einfluß der verschiedenen Temperaturen wurde jeweils an 3—5 Exemplaren einer Art untersucht.

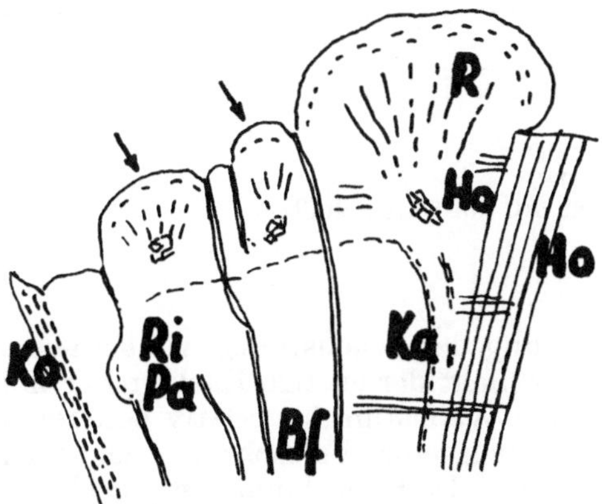

Abb. 4. *Populus*, Kallus (25 Tage alt, 18⁰C): Bei gleicher Entwicklungszeit wie bei *Padus* ist die Differenzierung schwächer. Es wird auch vom Rindenparenchym aus Kallus gebildet.

Die Stecklinge in den verschiedenen Temperaturstufen stammten
möglichst vom gleichen Baum, um standortbedingte Unterschiede
auszuschließen.

Die Eintragung in die Tabelle stellt einen Mittelwert von den
untersuchten Stecklingen dar. Es bedeutet: + eine deutliche Kallusbildung an allen Stecklingen; ± nur eine schwache oder vereinzelt
einsetzende Kallusbildung; — keine Kallusbildung; X Verpilzung,
die eine weitere Beobachtung unmöglich macht.

Als Ergebnis können wir festhalten, daß das Optimum für ein
schnelleres und stärkeres Wachstum in der angegebenen Zeit bei
der relativ hohen Temperatur von 32⁰C liegt. Dieses Ergebnis entspricht nicht den Befunden, die KNY (vgl. KRENKE 1934) bei Untersuchungen an Kartoffelknollen erhalten hat (Optimum bei 18⁰ bis
21⁰C).

Tabelle 5:

Stecklinge aus dem Wienerwald, 25. 9. 1963

Temperatur	29. 9.			1. 10.			7. 10.			14. 11.			21. 11.		
	1	2	3	1	2	3	1	2	3	1	2	3	1	2	3
Betula verrucosa	+	±	±	+	+	±	+	+	+	+	X	+	X	X	+
Crataegus oxyacantha .	+	—	—	+	+	—	+	+	+	+	+	+	+	+	+
Fagus silvatica	±	—	—	+	—	—	+	+	±	+	X	±	+	X	+
Sorbus aria	—	—	±	+	+	±	+	+	+	+	X	+	X	X	+
Acer pseudoplatanus ..	—	—	—	+	+	—	+	+	±	+	X	±	X	X	X
Acer campestre	—	—	—	+	—	—	+	+	±	+	X	±	X	X	X
Fraxinus excelsior ...	—	—	—	+	—	—	+	+	+	+	+	+	+	+	+
Quercus petraea	—	—	—	—	—	—	+	+	±	+	+	+	+	X	+

Temperatur: 1 ... 32⁰C
            2 ... 27⁰C
            3 ... 22,5⁰C (im Durchschnitt)

(Erklärung im Text)

Die Begünstigung des Wachstums, wie sie aus dieser Tabelle
hervorgeht, ist aber nicht der einzige Effekt einer höheren Temperatur. Das schnellere Wachstum bei relativ höheren Temperaturen
bedingt natürlich auch eine Vermehrung der ausdifferenzierten
Gewebeteile im Kallus. Dadurch kommt es zu einer scheinbar beschleunigten Differenzierung. Eine Ausnahme bildet wiederum
Populus, wo die Ausbildung verschiedener Gewebeelemente ziemlich
spät einsetzt.

Ablauf der Entwicklung und Differenzierung

Wenn man unter den oben angegebenen Bedingungen einen *Salix*steckling zieht, nach 2 Tagen aus dem Behälter nimmt und

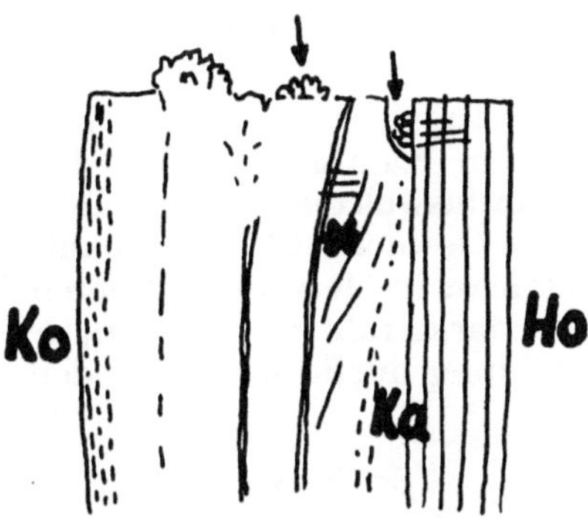

Abb. 5. *Salix smithiana*, Kallus (3 Tage alt, 22,5°C): Feine, schlauchartige Zellen (vgl. Pfeil); Hauptwachstumszone im Kambium (vgl. Stern).

von ihm Mikrotomschnitte anfertigt, so zeigt sich, daß die Zellen an der Schnittfläche schlauchartig ausgewachsen sind, und zwar einerseits die jungen Parenchymzellen gleich neben dem Kambium, andererseits die Markstrahlenzellen an der Wundfläche. Dadurch

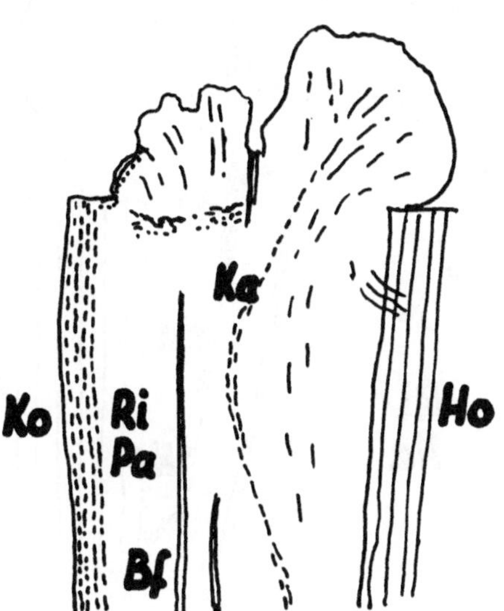

Abb. 6. *Salix smithiana* (4 Tage alt, 22,5°C): Das Kallusgewebe bildet einen kleinen Wulst.

ergibt sich ein Bild, das an der ehemaligen Wundfläche in der Nähe
des Kambiums einen „haarigen" Überzug zeigt. Das Kambium
wird gegen die Wundfläche keilförmig auseinandergetrieben. Die
„Haare" an der Oberfläche sind bereits quergeteilt. Es folgt also
nach dem Streckungswachstum sehr bald eine Septierung (vgl.
KÜSTER 1925). So liegen die Verhältnisse bei 22°C (Abb. 5).

In den folgenden Tagen wächst der feine Überzug zu einem
kleinen Wulst über dem Kambium heran; der Keil wird weiter.
Die Zellen dieses Kalluswulstes sind dünnwandig und parenchymatisch. Das ganze Gewebe ist homogen aufgebaut. Aber schon
nach 6 Tagen findet man insofern eine Differenzierung, als solche
Zellen, die von den Markstrahlen ausgehen, sehr schöne Reihen
bilden. Die Reihenbildung dürfte auch von den „Haarzellen" des

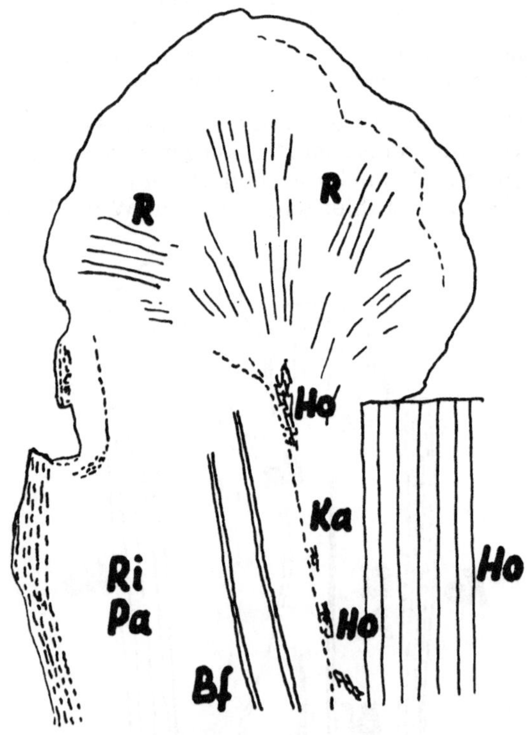

Abb. 7. *Salix smithiana*, Kallus (8 Tage alt, 23°C): Die Differenzierung im Gewebe
beginnt (Verholzung und Zellreihen).

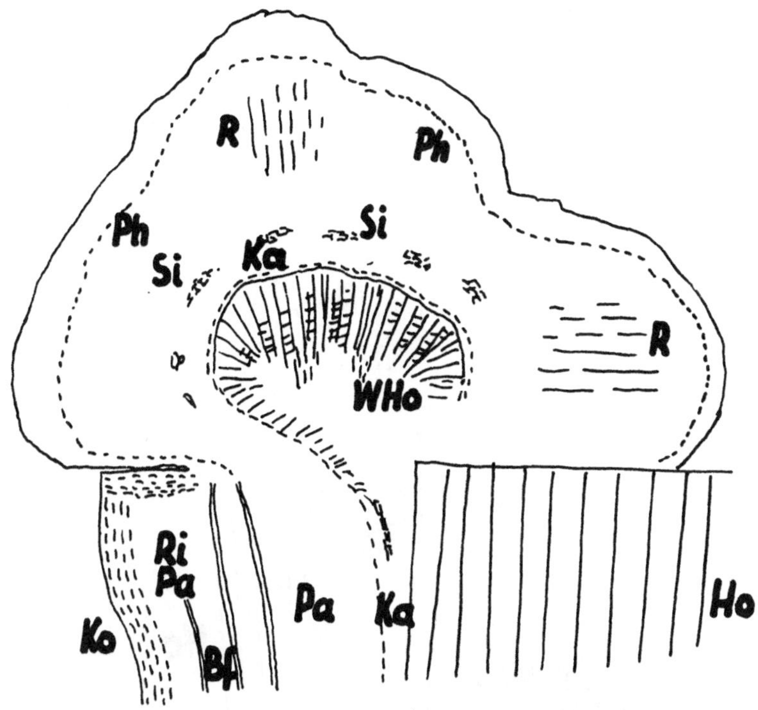

Abb. 8. *Salix smithiana*, Kallus (10 Tage alt, 27⁰C): Bei dieser etwas höheren Temperatur ist das Gewebe in dieser kurzen Zeit bereits weitgehend differenziert (Phellogen, Siebröhren, Kambium im Kallus, Wundholz).

ersten Überzuges ausgehen (KÜSTER 1925). Sie strebt vom Kambium zur Peripherie des Wulstes. Diese Richtung scheint sich aus räumlichen Komponenten zu ergeben, denn die Teilungsebenen liegen im beginnenden Kallus parallel zur Schnittfläche und im Kambium senkrecht zur Schnittfläche. Die Richtung der neugebildeten Zellenreihen ist die Resultierende aus Schubwirkungen dieser verschiedenen Teilungstätigkeiten. Die Form dieser Reihenzellen ist kurzprismatisch, während die anderen Zellen im Wulst von dieser Grundform mehr oder weniger stark abweichen. Wir treffen auch noch eine weitere Spezialisierung an: Die Zellen gleich neben dem neugebildeten Kambium strecken sich in ihrer Gestalt und verdicken ihre Wände. Acht Tage alte Kalluswülste zeigen hier Verholzung, die sich mit Phloroglucin-Salzsäure und mit der

9*

Mäule-Reaktion nachweisen läßt. Es führt also eine verholzte Zone vom Holzteil des Stecklings hinaus in den Kalluswulst.

Die weitere Differenzierung geht jetzt sehr rasch vor sich. Neben der verholzten Zone bleibt ein Streifen unverholzter, meristematischer Zellen. Es ist das ein Kambium im Kallus. Es

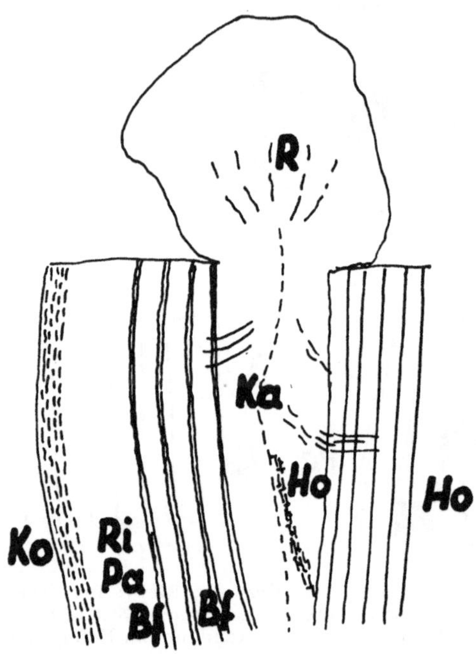

Abb. 9. *Salix smithiana*, Kallus (10 Tage alt, 18°C): Das Kallusgewebe ist bei dieser relativ tiefen Temperatur sehr schwach differenziert (vgl. Abb. 8).

werden von da nach außen Phloemelemente ausgebildet, nach innen aber Holzelemente, so daß im Kallusring ein lebender, mitwachsender, mit Nährstoff und Wasser versorgter Wundverschluß entsteht. Das anfängliche, parenchymatische Gewebe wird in diesem Vorgang immer weiter nach außen geschoben. Die Teilungstätigkeit hat fast aufgehört, vor allem in Richtung der Achse. Die äußerste Schicht dieses Parenchyms verkorkt. Dies läßt sich schon an der Form der Zellen feststellen: Sie sind regelmäßig prismatisch gebaut und schließen lückenloser aneinander. Die Sudan-III-Reaktion weist diese Verkorkung eindeutig nach. In dem Maß, wie das Parenchym am Rand des Kallus den Charakter eines Rindenparenchyms annimmt, wird auch die Korkhaut stärker ausgebildet. Um den 12. Tag der Wachstumsvorgänge können wir ein Phellogen, also ein sekundäres Meristem im Kallus feststellen (Abb. 6—9).

Bei höheren Temperaturen geht die Entwicklung ähnlich vor sich, nur rascher. Betrug die Temperatur zum Beispiel 27°C, so stellte sich die erste Verholzung schon nach sechs Tagen ein, also um 4 Tage früher als vorhin bei 22,5°C. Die Korkhaut wurde bei dieser höheren Temperatur schon am achten Tag nach Versuchsbeginn beobachtet. Es beschleunigt sich aber nicht bloß das Wachstum, sondern es sind schon die ersten Stadien, die Zellstreckung und die erste Septierung viel stärker ausgeprägt. Die beschriebenen Vorgänge werden mit weiterer Steigerung der Temperatur auf 32°C noch deutlicher und laufen noch schneller ab (Abb. 10 und 11).

Stecklinge, die tiefen Temperaturen ausgesetzt sind, zeigen sehr deutlich einen Abfall an Produktivität (Abb. 12 und 13). An einem

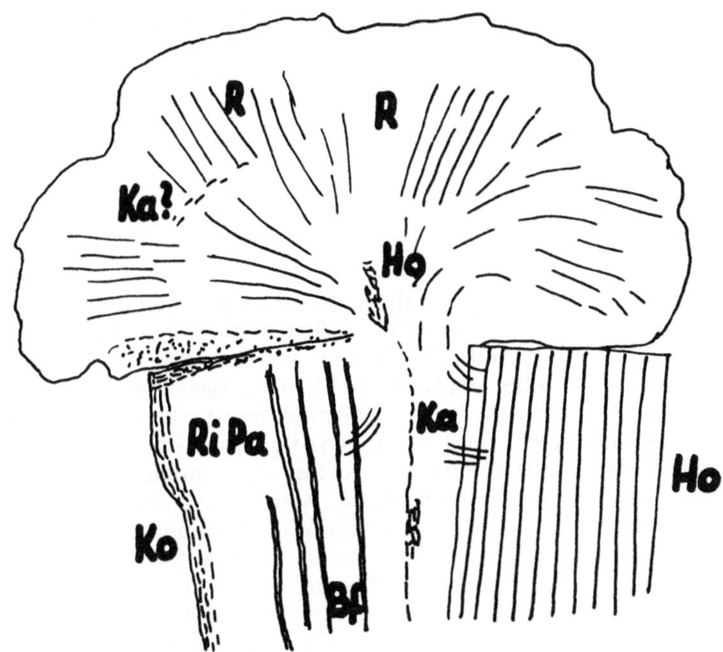

Abb. 10. *Salix smithiana*, Kallus (6 Tage alt, 32°C): Bei relativ hoher Temperatur setzt die Gewebedifferenzierung sehr früh ein (vgl. die Entwicklungszeit bei Abb. 7 und 12).

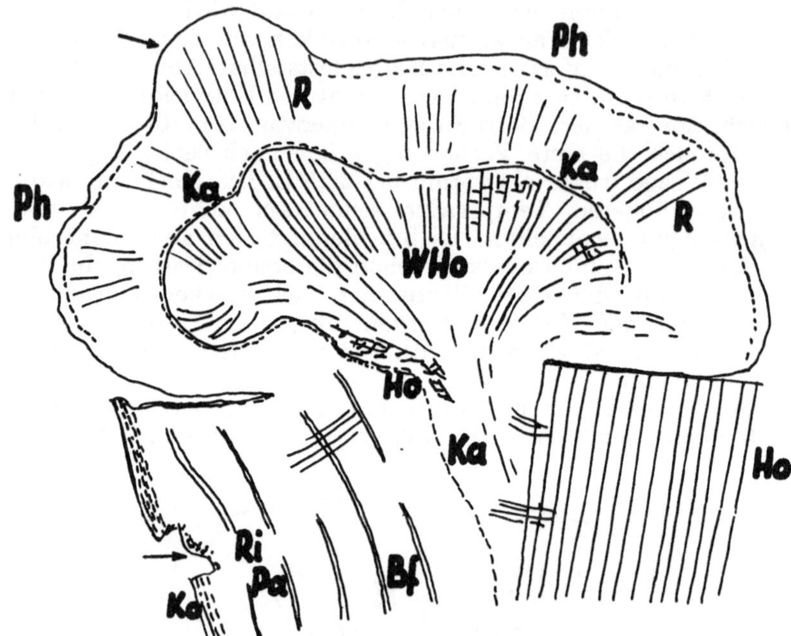

Abb. 11. *Salix smithiana*, Kallus (15 Tage alt, 32°C): In kurzer Zeit hat sich bei dieser relativ hohen Temperatur das Gewebe sehr ausgeprägt differenziert (vgl. die Entwicklungszeit bei Abb. 8 und 13).

Kallus, gezogen bei 18°C, konnte nach 10 Tagen noch keine Verholzung festgestellt werden. In einem Kallus, der sich ebenfalls bei 18°C gebildet hatte und bereits 3 Wochen im Behälter war, fand sich nur ein sehr schwacher Holzteil (Abb. 13). Dabei war der parenchymatische Streifen sehr breit, aber noch nicht weiter differenziert.

Zur genaueren Einsicht in die anatomischen Verhältnisse bei einem weiter differenzierten Kallus sind noch einige Photographien eines Kallus von *Salix smithiana* beigegeben. Das Übersichtsbild (Bild 1) zeigt uns den Wundholzbogen, nach außen vom Kambium umgeben, nach innen einen parenchymatösen, markartigen Teil freilassend. Assimilationsleitungsbahnen sind nicht klar erkenntlich. Das nach außen anschließende Parenchym wird gegen den Rand von einer Korkschicht abgelöst, die im mittleren Teil des Bogens gut zu sehen ist. Im linken Abschnitt über dem Holzteil des Stecklings finden wir Neubildungen, die bei den hohen Temperaturen immer wieder auftreten.

Erklärung zu nebenstehender
Abb. 12. *Salix smithiana*, Kallus
(17 Tage alt, 17⁰C): Dieser
Kallus entspricht in seiner
Differenzierung einer Bildung
während einer Zeit von 8 Tagen bei 23⁰C (Abb. 7).

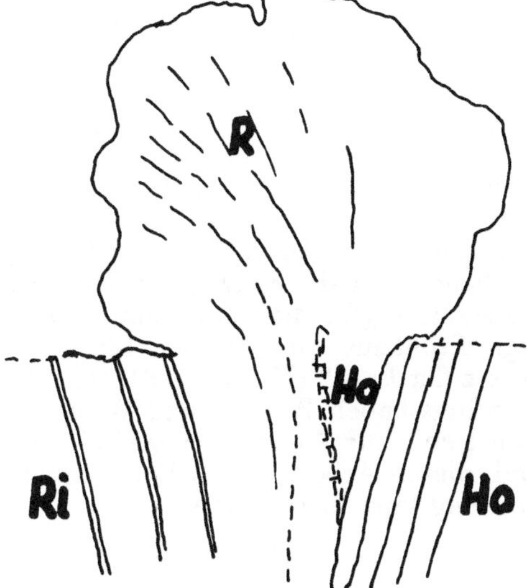

Erklärung zu untenstehen-
der Abb. 13. *Salix smithiana*,
Kallus (21 Tage alt, 18⁰C):
In verhältnismäßig langer
Zeit entsteht bei tiefer
Temperatur nur ein sehr
schwacher Holzteil (vgl.
Abb. 7 und 11).

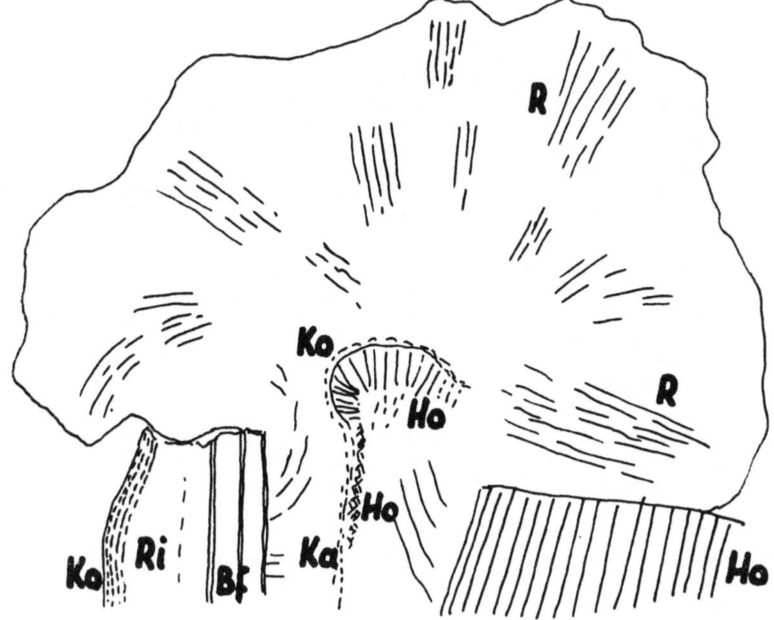

Die auseinandergetriebene Zone des Kambiums, den „Lohdenkeil" (Hartig, nach Küster 1925), zeigt uns das Bild 3. Vom Holzteil des Stecklings aus sehen wir die Markstrahlen in Bögen emporziehen. In der Mitte dringt der neue Holzteil in den Kallus ein. Es ist deutlich zu sehen, daß hier die Holzelemente quergeschnitten sind. Im Bild 2 sehen wir die Kuppe des Wulstes in seiner Differenzierung, wie sie schon für das Bild 1 angegeben wurde.

Nach dieser Darstellung der Differenzierungsvorgänge taucht natürlicherweise die Frage nach den Ursachen solcher Prozesse auf. Insbesondere gibt die Kambiumbildung im neugebildeten Gewebe einige Probleme auf. In der Literatur wird zur Erklärung ein „Gesetz der Lage" (Huber 1961, Guttenberg 1955) angenommen; neuerdings haben Wilson und Warren (1961) einen „Induktionsgradienten" zur Diskussion gestellt. Diese Problematik liegt am Rand dieser Arbeit. Sie soll am Schluß in einem Teil der Besprechung kurz behandelt werden.

Erklärung zu Tafel 1

Bild 1. Kallus von *Salix smithiana*, 26. 5.—19. 7. gebildet, bei 22,5⁰C; Übersicht: Dieses Übersichtsbild zeigt uns den Wundholzbogen, nach außen vom Kambium umgeben, nach innen einen parenchymatösen, markartigen Teil freilassend. Assimilationsleitungsbahnen sind nicht klar erkenntlich. Das nach außen anschließende Parenchym wird gegen den Rand von einer Korkschicht abgelöst, die im mittleren Teil des Bogens gut zu sehen ist. Im linken Abschnitt über dem Holzteil des Stecklings finden wir Neubildungen, die bei den hohen Temperaturen immer wieder auftreten.

Bild 2. Kallus von *Salix smithiana*, 26. 5.—19. 7. gebildet, bei 22,5⁰C; Lohdenkeil: Das Bild zeigt die auseinandergetriebene Zone des Kambiums, den „Lohdenkeil" (Hartig, nach Küster 1925). Vom Holzteil des Stecklings aus sehen wir die Markstrahlen in Bögen emporziehen. In der Mitte dringt der neue Holzteil in den Kallus ein. Es ist deutlich zu sehen, daß hier die Holzelemente quergeschnitten sind.

Bild 3. Kallus von *Salix smithiana*, 26. 5.—19. 7. gebildet, bei 22,5⁰C; Kuppe des Kallus: Dieses Bild gibt in einem Ausschnitt von Bild 1 die Kuppe des Wulstes in seiner Differenzierung wieder.

Abkürzungen: Bf = Bastfaser, Ho = Holz, qHo = quer orientiertes Holz, Ka = Kambium, Ku = Kalluskuppe, Lo = Lohdenkeil, Nb = Neubildung, Ri = Rinde, Pa = Parenchym.

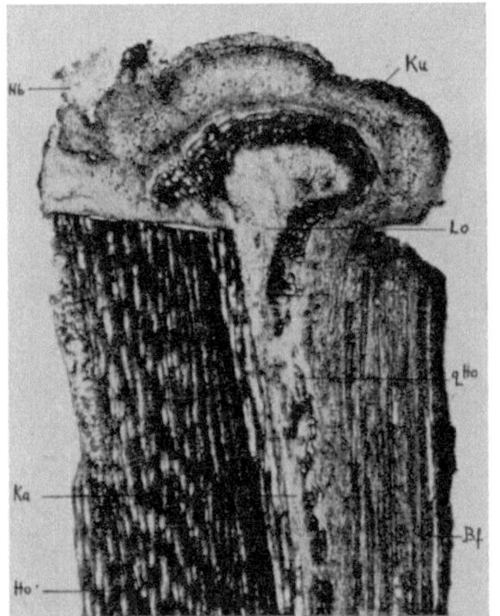

Bild 1

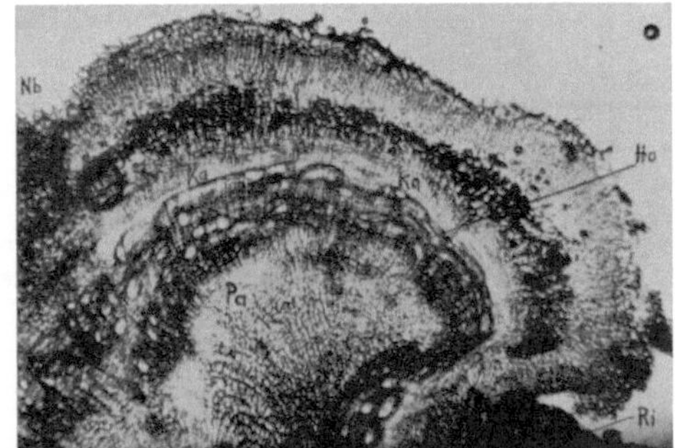

Bild 2

Bild 3

IV. Vitalfärbungen an Kalluszellen

Behandelt man nach der oben angegebenen Methode Mikrotomschnitte eines Kallus mit einem basischen Vitalfarbstoff, so kann man erwarten, daß entweder positive oder negative Metachromasie eintritt, je nachdem, wie der Zellsaft beschaffen ist, ob Stoffe in ihm vorhanden sind, die mit den Farbmolekülen eine Bindung eingehen, oder ob solche fehlen und durch den Ionenfallenmechanismus die Farbkationen im Zellsaft zurückgehalten werden (Höfler 1949a, b, Kinzel 1955 und 1958).

Der metachromatische Effekt ist bei dem Farbstoff Toluidinblau sehr stark, so daß die verschiedenen Verhältnisse in den Zellsäften im Hellfeld deutlich sichtbar werden. Schnitte eines 5 Tage alten *Salix*-Kallus mit einer Dicke von 75 µ zeigen nach 20 Minuten Färbezeit in Toluidinblau (1:10.000 bei p_H 9—10) ein überraschend buntes Bild: Das Gewebe ist noch nicht stark differenziert. Wir finden kein Wundholz; also auch noch kein Kambium im Kallusgewebe, doch ist ein Teil des Randes schon verkorkt. Die Korkschicht ist jedoch noch nicht durchgehend vorhanden. Im gefärbten Schnitt fallen fürs erste blaugrüne (volle) Zellsäfte auf, die vor allem im Rindenparenchym des Stecklings zu finden sind. Aber auch im Kallusgewebe sind sie recht zahlreich. Hier bilden sie manchmal auffallende Reihen, die vom Kambium wie Strahlen weggehen. Außerhalb dieser Reihen sind die blaugrünen Zellsäfte beliebig im Gewebe verteilt. Sie fehlen aber regelmäßig am Rand des Kallus und im Kambium sowie an jenen Stellen, wo gerade eine intensive Teilungstätigkeit im Gang ist.

Bei genauerer Betrachtung sind an den blaugrünen Vakuolen Unterschiede festzustellen: Sie sind teilweise intensiver gefärbt und dann in kugeliger Form vorhanden oder in eine Ecke bzw. Hälfte der Zelle gedrängt (vgl. Bild 6). Die Färbung erfaßt also nicht die gesamte Vakuole. Diese Zellsäfte bilden die Hauptmasse in den parenchymatischen Partien im Rindengewebe des Stecklings. Aber auch im Kallusgewebe sind sie — obwohl an der reihenförmigen Anordnung unbeteiligt — nicht selten zu finden. In diesen Zellsäften im Kallus ist gegenüber dem Rindenparenchym auffallend, daß sie meist nicht den ganzen Zellinhalt ausfüllen, sondern nur einen Teil davon. Sie halten sich sehr lange und zeigen auch nach geraumer Zeit keine Entmischungen. Die kugeligen Gebilde könnte man leicht für kontrahierte Vakuolen halten. Nun kann man aber auch in ungefärbten Schnitten solche Kugeln und in Ecken gedrängte Gebilde sehen, die eine stärkere Lichtbrechung zeigen, es handelt sich also um primär existierende Zellteile, die nicht erst durch die Färbung erzeugt werden.

Von den intensiv blaugrün gefärbten Zellsäften lassen sich Vakuolen unterscheiden, die eine etwas mattere Färbung besitzen. Sie zeigen manchmal schon sehr bald feinkörnige Entmischungen, die bei längerer Beobachtung die Form von kleinen Kugeln oder Dendriten annehmen. Nach der Entmischung tritt eine Dämpfung der Färbung in den Zellsäften ein. Die feinen Entmischungskörner befinden sich anfangs recht häufig in BMB. Diese Färbung erfaßt, anders als im vorher geschilderten Fall, den ganzen Vakuolenraum. Sie kommen im Rindenparenchym nicht vor, bilden aber die vorhin beschriebenen Reihen im Kallus. Darüber hinaus liegen sie auch noch im Kallus verstreut.

Die bisher beschriebenen Typen der Anfärbung beweisen also eindeutig eine negative Metachromasie, die für volle Zellsäfte bezeichnend ist. Es scheint aber bei dieser metachromatischen Anfärbung optisch erfaßbare Unterschiede zu geben, die in der Menge oder in der Zusammensetzung von Speicherstoffen ihre Ursache haben. Nur so kann man verstehen, daß neben strahlend blaugrünen Zellsäften auch mattgefärbte Vakuolen mit Entmischungen auftreten.

Ein dritter, streng abgegrenzter Typ von Zellsäften wird durch violettrote Toluidinblaufärbung charakterisiert. Am Rand des Kallus und im Kambium sowie an Stellen verstärkter Teilungstätigkeit fehlt die blaugrüne Färbung an Zellsäften regelmäßig und wird durch eine schwach violettrote Anfärbung ersetzt. Hochaktive, zumal sich teilende Zellen besitzen also durchwegs leere Zellsäfte. Diese Beobachtung wird uns später noch beschäftigen.

Entmischungen finden sich in den positiv metachromatischen (leeren) Zellsäften zunächst nicht. Nach längerer Beobachtungszeit sehen wir aber kleine Kugeln und Linsen, die violett gefärbt sind. Diese Entmischungen scheinen im Zellsaft zu entstehen, dann an die Plasmagrenzschicht heranzurücken und schließlich als ganzes ins Plasma überzugehen (vgl. dazu Pop und Soran 1962).

Die Intensität der Anfärbung der leeren Zellsäfte wird nach längerer Färbezeit stärker, somit die positive Metachromasie besser zu beobachten. Die Veränderung in der Anfärbung bei längerer Färbezeit zeigt das Protokoll eines Versuches mit Neutralrot:

Versuch: 31. 7. 1963.

Salix Smithiana, 10 Tage alter Kallus, Neutralrot 1:10000, in Leitungswasser (pH 7,5).

Nach 3 Minuten: Es sind blasse, violettrote Anfärbungen an kugeligen Teilvakuolen im Kallus verteilt zu beobachten, anderseits gleiche Anfärbungen in
reihenmäßig gelagerten Zellen; an der Peripherie des Gewebes in geringer Zahl.

Nach 5 Minuten: Die Färbung ist intensiver geworden, in manchen gefärbten
Zellsäften treten entweder kleine Körnchen in BMB oder krümelige Entmischungen
auf. Außerdem liegen besonders am Rand orangerote (also positiv metachromatisch
gefärbte) Zellsäfte und bilden größere Zonen.

Nach 15 Minuten: Die violettrote Anfärbung ist noch intensiver. Es bietet
sich ein sehr buntes Bild. Die Entmischungen sind häufiger und verschiedenartig
geformt. In manchen Zellsäften (und zwar vor allem in Zellen, die in Reihen-
formation liegen) finden wir körnige und dendritenartige Entmischungen, wobei
der Farbton des ganzen Zellsaftes gedämpft wird, die Farbqualität allerdings
gleich bleibt (violettrot). Die Färbung der Körnchen und Krümel ist intensiv,
so daß sie dunkel erscheinen. In anderen Zellsäften liegen Entmischungen in Form
von größeren Kugeln und nierigen Gebilden, deren Färbung intensiv rotviolett
ist. Wieder andere Anfärbungen erweisen sich als Teilvakuolen (vgl. Plasmolyse-
Ergebnisse), die sich als ganzes abgerundet haben, also etwas kontrahiert sind.
Diese Teilvakuolen sind meist diffus gefärbt, der Farbton ist stärker rotviolett.

Die orangerote Färbung tritt jetzt häufiger und stärker auf, und zwar hauptsächlich am Rand des Kallus und im Kambium des Stecklings. Sie erstreckt sich
noch immer über die ganze Vakuole ohne irgendwelche Entmischungserscheinungen.

Nach 30 Minuten: Das Bild ist mit Ausnahme der stärkeren Intensität
dasselbe.

Nach 60 Minuten: Die violettroten Vakuolen und Teilvakuolen haben ihre
Anfärbung etwas gegen ein bräunliches Rot verändert. Die orangerote Färbung ist
sehr satt. Tote Zellen (besonders am Rand) sind ungefärbt, da der Zellsaft aus-
geflossen ist. Es sind nur die Wandelemente und die Plasmareste gefärbt. Im
Kambium finden wir Zellen, in deren positiv-metachromatischen Zellsäften orangerot gefärbt kleine Kugeln und Linsen auffallen. Diese Körperchen treten manchmal
aus der Vakuole in das Cytoplasma aus (vgl. POP und SORAN 1962).

Nach einiger Zeit im Wasserbad entfärben sich die orangeroten Zellsäfte
vollständig; die Färbung der violettroten Teilvakuolen bleibt erhalten; die der
Vakuolen mit krümeliger Entmischung verschwindet; dafür ist aber ein brauner
Farbton da.

Ähnliche Versuche wurden wiederholt durchgeführt. Es zeigen
sich immer die gleichen Bilder. Es wurden auch schwächere
Konzentrationen der Farblösung gewählt. Dabei verzögerte sich die
Anfärbung natürlich. So stellte sich bei der Verdünnung 1:100.000
Neutralrot in Leitungswasser erst nach 15 Minuten die blasse
Anfärbung ein, die in einer Verdünnung 1:10.000 schon nach
3 Minuten zu beobachten war. Nach 60 Minuten erhält man ein
sehr deutliches Färbebild, das einer 15-Minuten-Färbung bei der
stärkeren Konzentration entspricht. Die Intensität der positiven
Metachromasie war im Vergleich zur negativen bei der Färbung in
schwächeren Konzentrationen gleich stark, während bei den
höheren Konzentrationen die positive Metachromasie an leeren
Zellsäften später eintrat und (gegenüber der negativen Meta-

chromasie an vollen Vakuolen und Teilvakuolen) schwächer war.
Die schwache Farbstoffkonzentration war also für die Unterscheidung der Metachromasie vorteilhafter. Sie wurde auch von
den Zellen besser vertragen, so daß diese bis zu drei Tage am
Leben erhalten werden konnten, während bei konzentriertem
Angebot z. B. von Neutralrot die Zellen kaum einen halben Tag
am Leben blieben.

Die zwei Metachromasie-Effekte wurden auch mit anderen
Farbstoffen in ihrem ausgeprägten Unterschied erzielt.

Ein gekürztes Protokoll eines Versuches mit Brillant-
Cresylblau an ähnlichen Schnitten soll das zeigen.

Versuch: 25. 9. 1962.

Salix Smithiana, 11 Tage alter Kallus, Brillantchresylblau 1:10.000, p_H 8,3
(Phosphatpufferung).

Nach 5 Minuten: Stark gefärbte kugelige Vakuolen und Teilvakuolen in
blauer Farbe. Keine Entmischungen.

Nach 15 Minuten: Die Teilvakuolen sind intensiver gefärbt. Es treten violette
Farbtöne in Zellsäften auf, die über die ganze Zelle ausgebreitet sind. Die Wände
sind leicht gefärbt.

Nach 30 Minuten: Die blauen (negativ metachromatisch) gefärbten Vakuolen
sind sehr dunkel gefärbt. Die violetten (positiv metachromatischen) Zellsäfte
treten besonders am Rand des Kallus auf, allerdings nur vereinzelt, häufiger in
der Gegend des Kambiums. Die Wände im Kallus sind blauviolett elektroadsorptiv
gefärbt, der Kork blaugrün, das Holz rein blau.

Mit Acridinorange gefärbte Schnitte ergaben nach 30 Minuten unter dem Fluoreszenzmikroskop ein auffallendes Bild: In
diffus grün gefärbten Vakuolen und Teilvakuolen waren rote
Entmischungsformen zu sehen. Es waren aber auch solche Vakuolen
ohne Entmischungen vorhanden, die also nur diffus grüne Färbung

---

Erklärung zu Tafel 2

Bild 4. *Salix smithiana*, Kallus (Neutralrot 1:10.000 — 20 Minuten; Plasmolyse
mit KNO_3 1,0 mol — 10 Minuten): „Volle" und „leere" Zellsäfte (dunkel =
„voll", grau = „leer").

Bild 5. *Salix smithiana*, Kallus (Neutralrot 1:100.000 — 60 Minuten): Körnige
Entmischung in Zellsäften nach Anfärbung.

Bild 6. *Salix smithiana*, Kallus (Neutralrot 1:100.000 — 30 Minuten): „Leere"
Hauptvakuole und „volle" (diffus gefärbte) Teilvakuolen in Ecken; beide
Zellsafttypen jeweils in einer einzigen Zelle. Krümelige Entmischung in
einem Zellsaft.

Bild 7. *Salix smithiana*, Kallus (Neutralrot 1:10.000 — 10 Minuten): Tröpfchen-
und dendritenförmige Entmischung in „vollen" Zellsäften, schwache
Diffusfärbung.

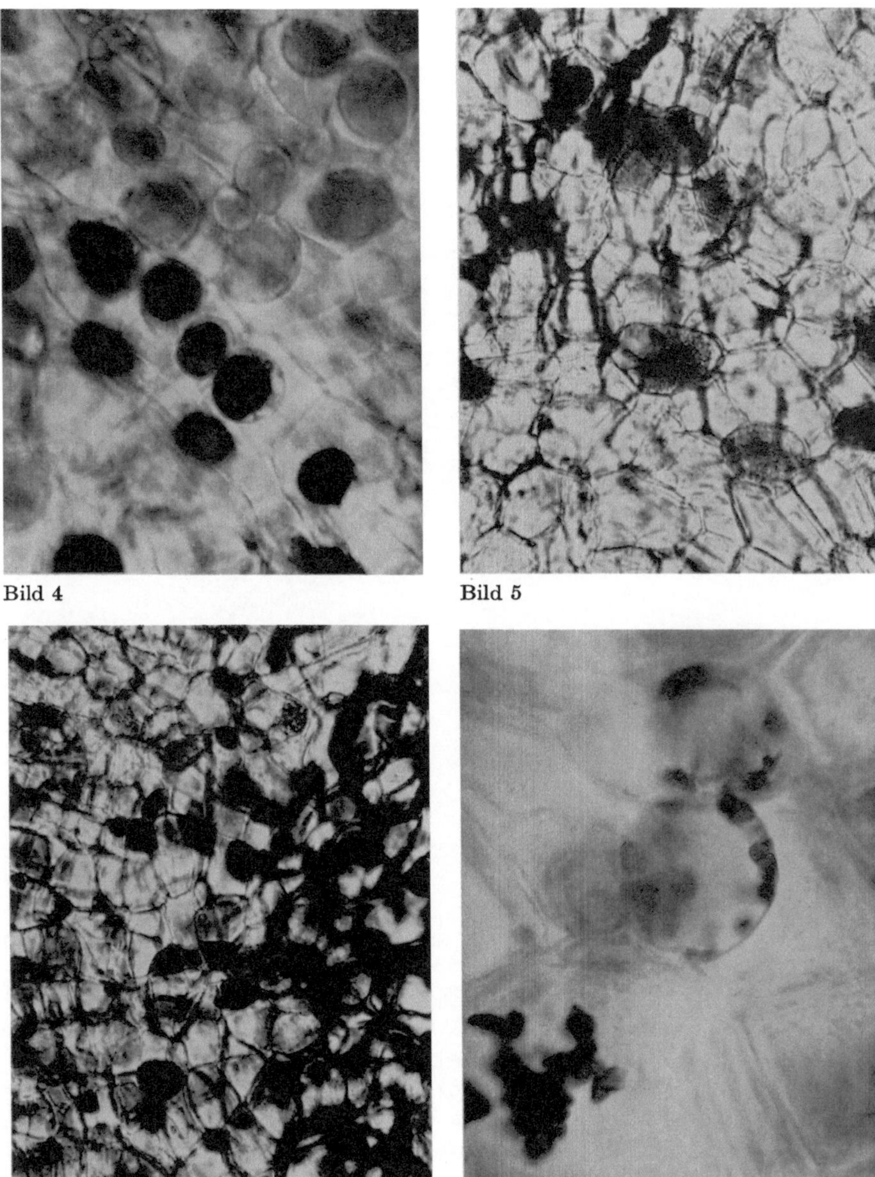

Bild 4

Bild 5

Bild 6

Bild 7

aufwiesen. Dieser Emissionseffekt entspricht im Hellfeld der negativen Metachromasie und ist für volle Zellsäfte typisch. Rote Fluoreszenz an ganzen Zellsäften (positive Metachromasie) konnte nur sehr selten beobachtet werden. Da die Auswertung dieses Befundes erst mit Plasmolyse möglich war, soll sie in dem damit befaßten Abschnitt behandelt werden.

Rhodamin B in einer Verdünnung von 1:10.000 in destilliertem Wasser färbte nach 20 Minuten (im Hellfeld betrachtet) die Kugeln und die Entmischungsformen mit violettrotem Farbton an. Daneben trat aber auch eine eher blauviolette Färbung auf, die nach einiger Zeit körnige Ausfällung zeigte. Dies entspricht den Zellsäften mit krümeliger oder körniger Fällung bei Neutralrot und der matten Färbung mit Toluidinblau. Eine Färbung, die die ganze Vakuole erfaßt, vollständig diffus bleibt und auch in der Lokalisierung den orangeroten Zellsäften mit Neutralrot und den violettroten bei Toluidinblau entspricht, konnte erwartungsgemäß nicht festgestellt werden. Unter dem Fluoreszenzmikroskop zeigten die Entmischungen eine dunkelrote Farbe, während die im Hellfeld violettroten Zellen eher hellrot fluoreszierten.

Wenn wir diese Beobachtungen miteinander vergleichen, so können wir vorläufig feststellen, daß im Kallus sowohl „leere" (positiv metachromatisch gefärbte) als auch „volle" (also negativ metachromatische) Zellsäfte vorhanden sind. Diese letzteren können nach längerer Färbezeit Entmischungen enthalten oder in solchen Formen auftreten, daß sie sich nicht ohne weiteres als kontrahierte Vakuolen oder Teilvakuolen oder als sehr große Entmischungskörper ansprechen lassen. Durch Plasmolyse sollte darin Klarheit geschaffen werden.

Die eben angeführten drei Möglichkeiten der Zellsaftfärbung sei durch einige Bilder von einem *Salix*-Kallus belegt (Bild 4—7).

Neben der Tatsache, daß im Kallus verschieden geartete Zellsäfte vorhanden sind, ist auch die Verteilung dieser Zellsäfte interessant. Es geht schon aus der einleitenden Schilderung hervor, daß die Anordnung voller und leerer Zellsäfte nicht dem Zufall überlassen ist, sondern von physiologischen Faktoren abhängig ist. Wir haben an einem wenig differenzierten Kallusschnitt mit Toluidinblau festgestellt, daß die leeren Zellsäfte im Kambium, am Rand des neugebildeten Kallusgewebes oder an Stellen mit reger Teilungstätigkeit zu finden sind. Diese Beobachtung soll noch durch die Beschreibung der Verteilung von vollen und leeren Zellsäften in einem differenzierteren Kallus ergänzt und durch eine schematisierte Skizze verdeutlicht werden. Wir finden im Kallus ein gut ausgebildetes Kambium, das auch schon Holz produziert;

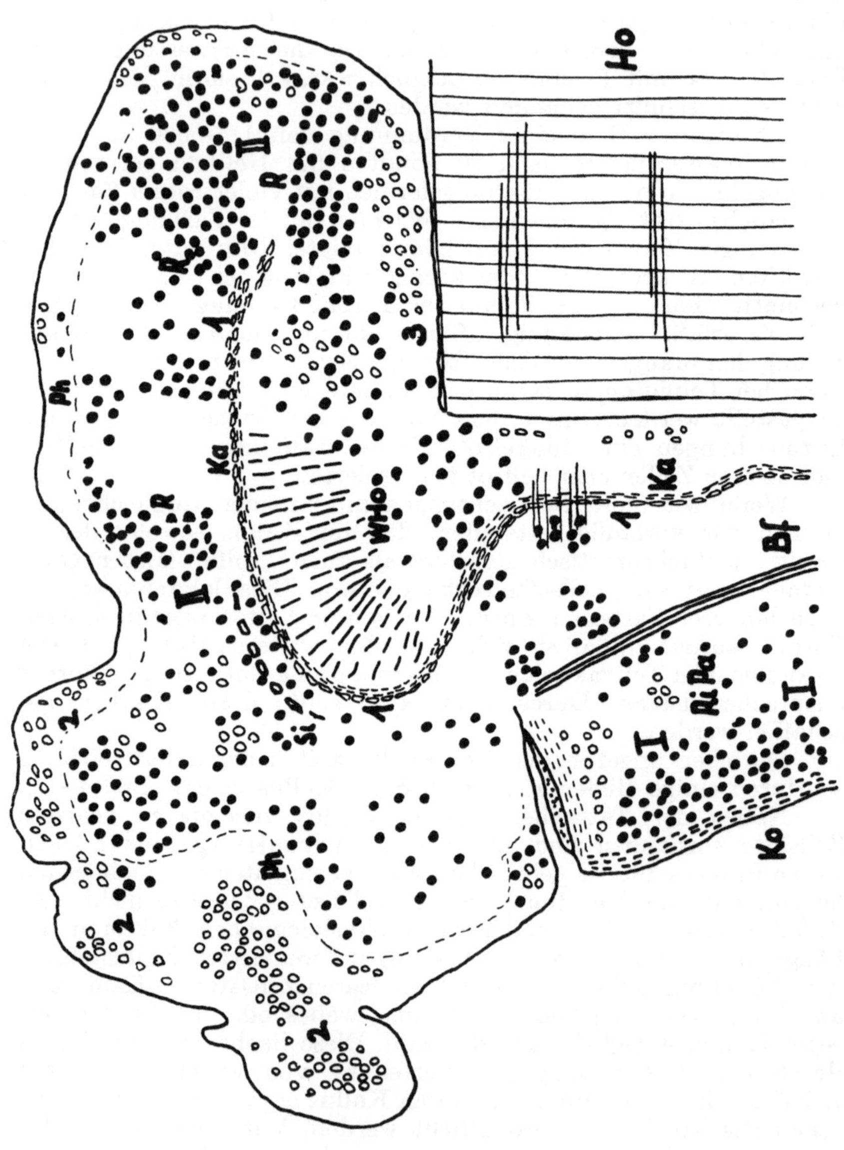
Ho
R II R
K R
3
Ph
Ka
Who
Ka
1
R I
Bf
I
Si
1
Ai Pa.
I
2
I
Ph
Ko
2
2

nach außen ist der Kallus durch eine Korkschicht abgegrenzt; nur an einer Stelle (auf der Seite der Rinde des Stecklings) hat neuerliche Teilungstätigkeit eingesetzt, wie das bei den „künstlichen" Kallusbildungen immer wieder vorkommen kann. Der Kallus stammt von *Salix Smithiana* und wurde innerhalb von acht Tagen bei einer

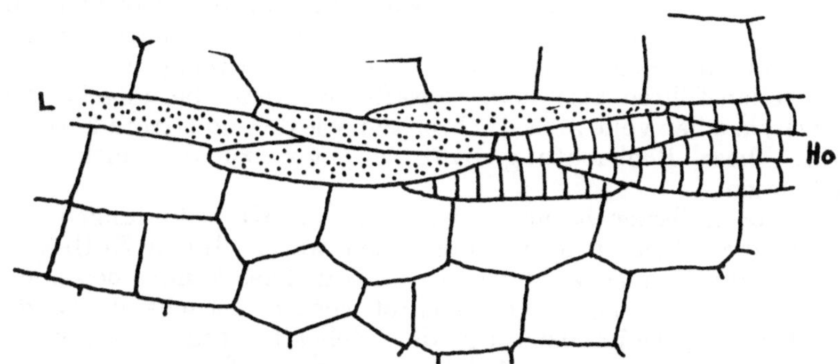

Abb. 15. *Salix smithiana*, Kalluszellen (mit Neutralrot gefärbt): Verholzende Zellen und leere Zellsäfte in unmittelbarer Nachbarschaft (L = „leere" Zellsäfte führend, Ho = Holzverdickung in der Zellwand).

Temperatur von 27⁰C gebildet. Zur Anfärbung diente diesmal Neutralrot (1:10.000 in Leitungswasser gelöst). Auch in diesem Schnitt ist festzustellen (vgl. Abb. 14), daß die leeren Zellsäfte dort zu finden sind, wo physiologisch hoch aktive Zellen zu erwarten sind, also im Kambium (1) (auch des Kallus), an den neugebildeten Zellen außerhalb des Korkgürtels (2) und in jener Kalluspartie, die an das Holz des Stecklings anschließt (3). Der Rand ist verkorkt und führt deshalb keine (bzw. wenige) leere Zellsäfte. Die vollen Zellsäfte konzentrieren sich deutlich im Rindenparenchym des Stecklings (I) und in Reihen im Kallus (II) (Abb. 14).

Für die Behauptung, daß leere Zellsäfte in physiologisch sehr aktiven Zellen typisch seien, kann noch eine Beobachtung angeführt werden. Es finden sich nämlich im Kallus,

---

Erklärung zu nebenstehender Abbildung 14.

> *Salix smithiana*, Kallus (8 Tage alt, 27⁰C, Färbung mit Neutralrot 1:10.000 — 15 Minuten lang): Verteilung der „vollen" = negativ metachromatischen Zellsäfte (durch große Punkte eingetragen: I = im Rindenparenchym, II = in den Zellreihen) und der „leeren" = positiv metachromatischen Zellsäfte (durch Ringe eingetragen: 1 = im Kambium, 2 = in Randzellen und Neubildungen, 3 = in frischen Zellen beim Holz des Stecklings).

der Wundholz ausbildet, zwischen Zellen, die parenchymatisch gebaut sind und zum Teil aus Unterteilung von gestreckten Zellen entstanden sind, solche, die eine etwas gestreckte Form besitzen und leiterförmige Verdickungen aufweisen. Durch entsprechende Reaktionen wurde nachgewiesen, daß es sich um Verholzung handelt. Diesen Tracheiden schließen Zellen an, die in ihrer Form ähnlich sind, aber keine Verdickung zeigen. Bei Färbung mit Neutralrot nahmen diese Zellen eine orangerote Färbung an (Abb. 15). Diese Zellen führen also leere Zellsäfte, während die umgebenden Parenchymzellen volle Zellsäfte besitzen, wie der violettrote Farbton verrät. Diese Beobachtung paßt sehr gut zu den bisherigen Ergebnissen.

Es kann ferner berichtet werden, daß Kallusbildungen, die bei höherer Temperatur entstanden waren, leere Zellsäfte in größerer Menge vorhanden waren. Dies konnte besonders an Kallusschnitten bei 32⁰ beobachtet werden. Es scheint also die physiologische Differenzierung der Zellsäfte durch sekundäre Inhaltsstoffe, die eine „volle" Färbung hervorrufen, nicht so rasch vor sich zu gehen, so daß die Zellen länger aktiv bleiben. Die leeren Zellsäfte sind also nicht nur als aktiver, sondern auch als weniger differenziert in physiologischer Hinsicht zu bezeichnen.

Abschließend sei festgestellt, daß sich die verschiedenen untersuchten Pflanzen im allgemeinen gleich verhielten. Einen interessanten Ausnahmefall stellt aber *Populus* dar. Im Rindenparenchym finden wir hier nur selten volle, sehr häufig leere Zellsäfte, also aktive und gut teilungsfähige Zellen. Daher besitzt diese Pflanze auch die Möglichkeit, aus dem Rindenparenchym Kallusgewebe zu bilden. Im Kallus selber stellten wir wiederum sehr reichlich leere Zellsäfte fest. Es paßt gut zur gewonnenen Vorstellung, daß sich der Kallus, obwohl er rasch wächst, verhältnismäßig langsam in ein eigenes Kambium, in einen Wundholzteil und in ein eigenes Rindengewebe differenziert.

Haupt- und Teilvakuolen in Kalluszellen

Die Verhältnisse im Saftraum der Kalluszellen kann man durch Vitalfärbung allein nicht vollständig erfassen. Erst Plasmolyse-Versuche verschaffen die nötige Klärung.

Schon im nicht plasmolysierten Schnitt von *Salix Smithiana* fallen dem Betrachter in der Zelle abgekugelte Körper mit stärkerer Lichtbrechung auf. Solche Körper sind zum Teil zentral in der Zelle gelegen, zum Teil in eine Ecke abgedrängt. Die Kontur ist im ersten Fall kugelig, während sie im zweiten Fall — abgesehen von der Begrenzung durch die Zellmembran — einen konvexen oder konkaven Meniskus darstellt. Bei Vitalfärbung erfolgt in diesen Körpern immer eine Speicherung im negativ metachromatischen (vollen) Farbton.

Es erhebt sich nun die Frage, ob es sich hier um große Entmischungskörper oder um Teilvakuolen handelt. Für ihre Beantwortung leistete ein Versuch gute Dienste, der eine Färbung mit Acridinorange (1:10.000, p_H 8,3, 30 Minuten lang) und Plasmolyse durch Traubenzucker (0,7 mol, 60 Minuten lang) kombinierte. Im Hellfeld erscheinen die Gebilde dann gelb gefärbt, umgeben von einer mehr oder minder mächtigen Plasmaschicht, die manchmal körnig ist. In der Fluoreszenz treten aber unterschiedliche Effekte auf. Es lassen sich drei Typen unterscheiden: Der erste Typ ist seltener anzutreffen; die Färbung ist grün ohne irgendwelche Einschlüsse; gegen das Plasma findet sich ein scharfer Rand. Als zweiten Typ finden wir in solchen grüngefärbten Kugeln rote Entmischungen in nieriger Form, die im Hellfeld nicht zu bemerken sind; manchmal hatten diese rotfluoreszierenden Entmischungen in den grünen Kugeln auch kugelige Form. Der dritte Typ präsentiert sich in Form einer rot fluoreszierenden Kugel, die von einem schmalen grünen Mantel umgeben ist. In diesem Mantel befinden sich vielfach kleine Körnchen, manchmal auch schwachrote Blasen.

Zur Deutung des Färbebildes können viele Untersuchungen mit Acridinorange herangezogen werden, die für die speicherstoffreichen Zellsäfte (auf Grund einer chemischen Bindung des Kations) die grüne Fluoreszenz nachweisen, während die rote Fluoreszenz nicht bloß den speicherstoffarmen Zellsäften eigen, sondern auch für Entmischungen typisch ist (STRUGGER 1949, HÖFLER 1947b, KINZEL 1958). Wir haben also hier Zellsäfte vor uns, die an Speicherstoffen reich sind und zum Teil Entmischungen in sehr beträchtlichem Ausmaß enthalten, selber also keine Entmischungskörper sind. Im plasmolysierten Zustand ist auch das umgebende Plasma deutlich zu sehen. Das deutet darauf hin, daß hier wirkliche Teilvakuolen vorliegen.

Überdies spricht für diese Auffassung auch ihre Formveränderung unter dem Einfluß eines Plasmolytikums, das gemäß seiner Konzentration unterschiedliche Kontraktionen hervorruft.

Dazu sei der Verlauf der Plasmolyse unter Einwirkung verschiedener Konzentrationen eines Plasmolytikums geschildert. Eine stark hypertonische Lösung (1,0 mol TZ, 0,6 mol KNO_3) bewirkt — gleich, ob die Gebilde zentral im Zellraum oder in einer Ecke gelegen sind — Deformierung, was gegen eine reine Entmischungs-

natur spricht. Ihr Verhalten deckt sich weitgehend mit dem einer
normalen Vakuole. Sie verlieren an Volumen und nehmen jene
Kugelform an, die für Vakuolen bei vollendeter Plasmolyse
charakteristisch ist. Zugleich aber wird durch die Plasmolyse
eine große ursprüngliche Zentralvakuole (positiv metachromatisch
gefäbt) deutlich sichtbar. Geringere Hypertonie (0,7 mol TZ,
0,42 KNO_3) ruft die gleichen Erscheinungen, jedoch in geringerer
Weise hervor.

Bei den Konzentrationsstufen von 0,3 mol TZ und 0,18 mol
KNO_3 ist keine Deformierung der Gebilde, wohl aber eine leichte
Rundung der Körper in den Ecken und somit eine schwache
Plasmolyse festzustellen.

Plasmolysiert man Kallusschnitte, die vorher vitalgefärbt
worden waren, in einer Konzentrationsreihe von 0,1 bis 1,0 mol
Traubenzucker, dann tritt bei dem Wert von 0,3 mol Grenz-
plasmolyse ein. Das gleiche läßt sich zur Kontrolle auch mit einer
entsprechenden Reihe von KNO_3 feststellen (vgl. Bild 8—13).

Erklärung zu Tafel 3

Bild 8. *Salix smithiana*, Kallus (Brillantcresylblau 1:10.000 — 15 Minuten; KNO_3
1,0 mol — 10 Minuten Plasmolyse): Haupt- und Teilvakuole in einer Zelle
übereinanderliegend. Die positive Metachromasie der Hauptvakuole erscheint im Bild hell, die negative der Teilvakuole dunkler.

Bild 9. *Salix smithiana*, Kallus (Neutralrot 1:10.000 — 15 Minuten; KNO_3 1,0 mol
— 60 Minuten Plasmolyse): Haupt- und Teilvakuole in einer Zelle getrennt
nebeneinanderliegend; in einer Zelle eng aneinanderliegend; auch Zellen
ohne Teilvakuole deutlich im Bild.

Bild 10. *Salix smithiana*, Kallus (Neutralrot 1:10.000 — 15 Minuten, Traubenzucker 1,0 mol — 30 Minuten Plasmolyse): „Leere" und „volle" Zellsäfte
in je einer Zelle. Außerdem in der Mitte eine „leere" Hauptvakuole und
eine „volle" Teilvakuole in einer Zelle eng aneinanderliegend aber deutlich
durch Plasma getrennt.

Erklärung zu Tafel 4

Bild 11. *Salix smithiana*, Kallus (Brillantcresylblau 1:10.000 — 15 Minuten,
Traubenzucker 1,0 mol — 12 Minuten Plasmolyse): Haupt- und Teilvakuolen in verschiedener Lage zueinander.

Bild 12. *Salix smithiana*, Kallus (Brillantcresylblau 1:10.000 — 15 Minuten, KNO_3
1,0 mol — 30 Minuten Plasmolyse): Verschiedene Vakuolentypen. Besonders interessant ist die Zelle in der Mitte des Bildes mit einer Hauptvakuole, die Entmischungskugeln führt, und einer diffus gefärbten Teil
vakuole.

Bild 13. *Salix smithiana*, Kallus (Brillantcresylblau 1:10.000 — 15 Minuten; KNO_3
1,0 mol — 10 Minuten Plasmolyse): Haupt- und Teilvakuole in einer Zelle;
rapide Deformierung der Teilvakuole bei Deplasmolyse.

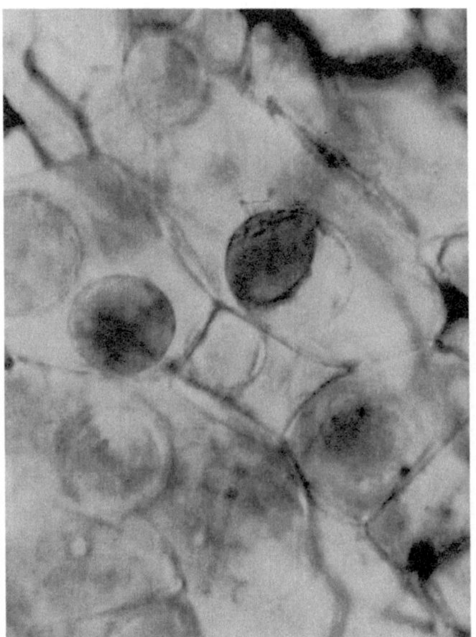

Bild 8

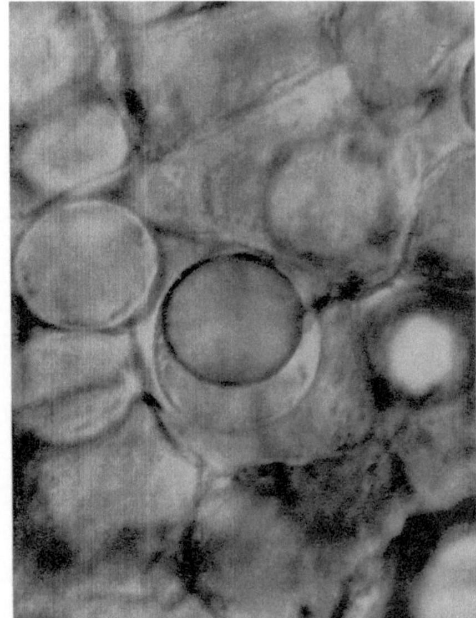

Bild 9

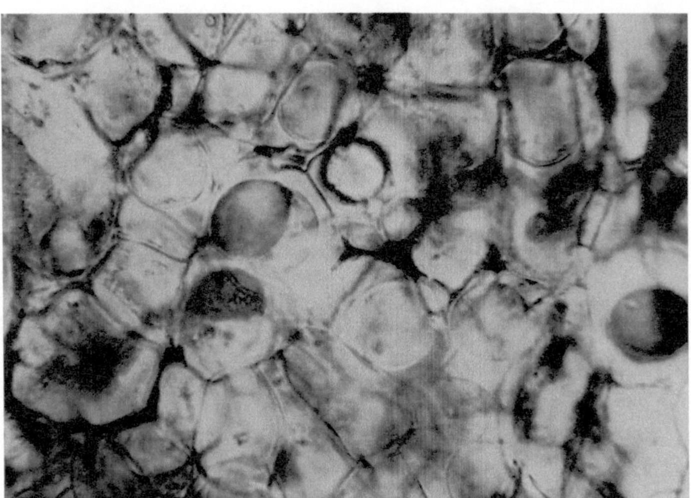

Bild 10

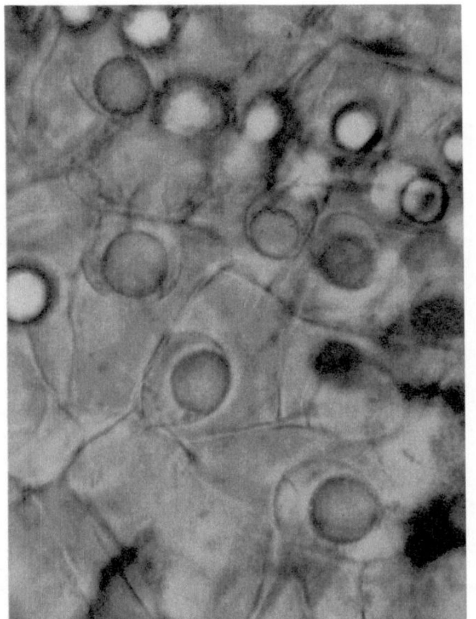

Bild 11

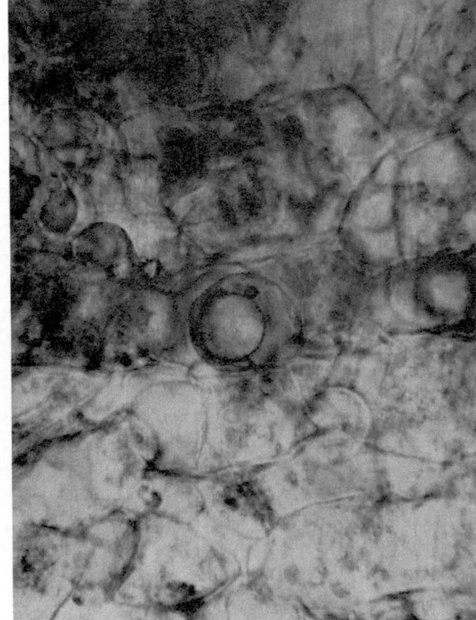

Bild 12

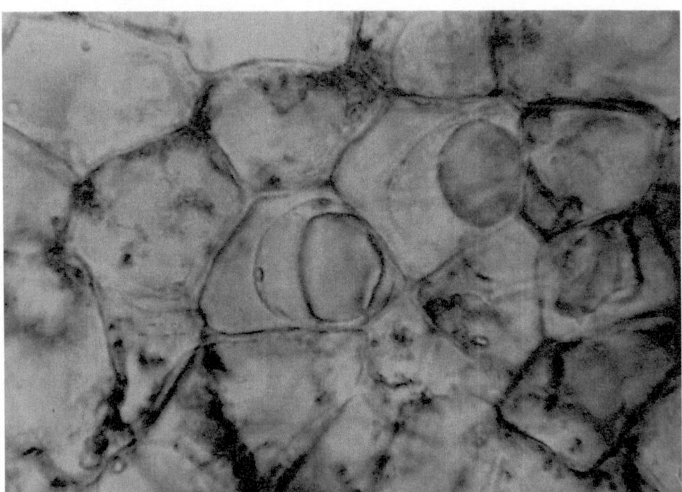

Bild 13

Nach den bisherigen Beobachtungen ist es also unwahrscheinlich, daß es sich bei diesen Zellteilen um primäre oder durch den Farbstoff induzierte reine Entmischungskörper handelt. Es wird vielmehr deutlich, daß man hier von der Zentralvakuole getrennte Teilvakuolen vor sich hat, die sich auch physiologisch unterscheiden. Es ist als Regel anzusehen, daß beim Vorhandensein einer solchen Teilvakuole mit extrem vollen Zellsäften, die Zentralvakuole positiv metachromatisch angefärbt, also frei von farbspeichernden Stoffen ist. Natürlich ist das Vorhandensein von zwei verschiedenen Vakuolen nicht immer gegeben. Es kann auch bloß eine einzige volle Vakuole vorhanden sein. Daneben kommen Zellen mit leeren Vakuolen vor, denen sich keine speicherstoffführende Teilvakuole beigesellt.

Die Zellsäfte mit negativ metachromatischer Reaktion, die sowohl in Einzel- als auch in Teilvakuolen zu beobachten ist, zeigen verschiedenes Verhalten. Sie bleiben zum Teil diffus gefärbt, während es bei anderen zu einer raschen Entmischung in Krümel oder Dendriten kommt. Auffallend ist nun, daß die Krümelbildung bei gleichzeitiger Anwendung von Vitalfärbung und Plasmolyse wesentlich rascher eintritt, als bei bloßer Einwirkung eines Farbstoffes. Es kann sogar nach kurzer Plasmolyse vorkommen, daß sich die Entmischungen bei Deplasmolyse wieder auflösen. Die größere Neigung zur Entmischung wird durch die Konzentrationserhöhung der Stoffe im Zellsaft bei Plasmolyse erklärlich.

Es konnte also durch Plasmolyse klar gemacht werden, daß verschiedene Vakuolentypen nicht bloß in ein und demselben Gewebe, sondern auch in ein und derselben Zelle möglich sind. Es kommt auch vor, daß in einer Zelle die Vakuole sekundäre Inhaltsstoffe derart konzentriert anreichert, daß die ganze Vakuole wie ein großer Entmischungstropfen aussieht. Auch ohne Färbung wird eine solche Anreicherung schon im Hellfeld durch stärkere Lichtbrechung der Zellsäfte gut sichtbar. In einer einzigen Zelle kann ein Teil des Saftraumes ohne nennenswerte Inhaltsstoffe (jedenfalls ohne solche, die negative Metachromasie hervorrufen) und ein anderer Teil reichlich davon erfüllt sein.

Manchmal liegen allerdings diese Teilvakuolen derart übereinander, daß man glauben könnte, eine Entmischungskugel des Sekundärstoffes liege in einer „leeren" Vakuole. Genaue Beobachtung macht jedoch die räumlichen Verhältnisse klar und es zeigt sich, daß beide Teile, der speicherstofffreie und der speicherstoffreiche, direkt vom Plasma umgeben sind und vom Plasma getrennt sind (Bild 10).

V. Nachweise sekundärer Inhaltsstoffe im Zellsaft

Die verschiedenen Ausfüllungen in der Vakuole, die sich dort nach Vitalfärbung mit basischen Farbstoffen ergeben, waren in letzter Zeit Gegenstand einiger Untersuchungen (Kasy 1951, Luhan 1959, Bolay 1960, Kinzel und Bolay 1961, Kinzel und Pischinger 1962, Burian 1962). Es wurden u. a. in gewissen Grenzen Schlüsse aus dem Vitalfärbebild (bzw. aus der Morphologie der Entmischungen) auf die Art des Inhaltsstoffes als möglich aufgezeigt (Kinzel und Bolay 1961). „In allen Zellsäften, in denen nach Speicherung der angewandten Farbstoffe Entmischungstropfen oder kristalline Abscheidung feststellbar sind, ließen sich Inhaltsstoffe aus den Flavongruppen nachweisen. Die überwiegende Zahl der Zellsäfte, die mit mehr als zwei der verwendeten Farbstoffe Dendriten oder Krümel gaben, zeigten Gerbstoffreaktion, vor allem die mit Koffein" (Bolay 1960, 313).

In den beobachteten Kallusschnitten fanden sich bei Färbung mit Vitalfarbstoffen beide Typen der Entmischung, nämlich Tropfen oder Kugeln einerseits, und Körnchen oder Krümel anderseits. Es wäre also anzunehmen, daß die reihenförmig angeordneten Zellen mit körniger oder krümeliger Entmischung auf Gerbstoffreagenzien positiv ansprechen, während die kugeligen Aggregate und tropfigen Entmischungen für Flavonnachweise positive Ergebnisse bringen müßten. Diese Prognose wurde mit einigen mikrochemischen Versuchen überprüft, die das Vorhandensein von Gerbstoffen bzw. Flavonen nachzuweisen imstande sind.

Im folgenden sind die Protokolle von Reihenversuchen vom 26. II., 14. V., 13. VIII. und vom 6. IX. 1963 zusammengefaßt. Die Beobachtung erfolgte sofort nach Einwirken des Reagens, nach 5 Minuten, nach 15 Minuten, nach $2^1/_2$ Stunden, nach 12 Stunden und nach 15 Stunden.

Durch diese Ergebnisse kann man die zufälligen Erscheinungen und die wirklich zutreffenden Verhältnisse in Erfahrung bringen. Die meisten der Reagenzien wurden nach den Angaben von Bolay (1960) angewendet. (Siehe auch Molisch 1923, Van Wisselinch 1915).

1. Coffein 1% (wirkungsvoller Gerbstoffnachweis durch Vitalfällung):
Die Fällung erfolgt sofort. Der Niederschlag wird in manchen Zellen zunehmend dichter, in anderen Zellen hört die Reaktion nach einiger Zeit auf; die körnige Ausfällung ist dann nicht sehr dicht. Es ist zu beobachten, wie in einer Zelle ein bestimmter Bezirk die Reaktion zeigt, während der andere Teil frei von Niederschlag bleibt. Die Körner bilden manchmal (und zwar in den stärker lichtbrechenden Teilvakuolen, die diffus angefärbt werden) Tropfen und Kugeln. Nach 15 Stunden war die Fällung in den Zellen noch erhalten und konnte ausgewaschen werden; die Zelle selbst blieb ungeschädigt.

Die Verteilung im Schnitt ist unregelmäßig. In den ganz jungen Zellen am Rand des Kallus und im Kambium ist eine Coffeinfällung nie festzustellen. Eine Reihenbildung, wie sie bei Neutralrot-Färbung auffiel, tritt bei dieser Reaktion nicht besonders hervor. Im Rindenparenchym ist die Reaktion besonders auffällig.

2. $AgNO_3$ 1% (Indikator für reduzierende Eigenschaften):
Nach 10—15 Minuten dauernder Einwirkung kann eine Reaktion in Form einer Gelbbraunfärbung festgestellt werden. Ihre Intensität ist sehr verschieden. Am deutlichsten ist sie in den auffallenden Teilvakuolen.

3. $FeCl_3$ 5% (blaue Reaktion zeigt Pyrogallolderivate bzw. Phenolabkömmlinge an; grüne Reaktion weist auf Catechingerbstoffe hin; grünschwarze Reaktion auf Flavone mit mehreren OH-Gruppen):
Diese Reaktion stellt sich im Kallus nicht sehr überzeugend ein. Die Färbung ist nicht eindeutig. In den kugeligen Teilvakuolen im Kallus ist nach einigen Minuten eine graublaue Anfärbung zu sehen, nach $2^1/_2$ Stunden ist von einer blauen Färbung nichts mehr vorhanden, dafür aber gelbbraune Kappen und andere Entmischungsformen. Solche Resultate findet man im Kallus sehr spärlich am Rand, sonst aber im Rindenparenchym.

4. $FeSO_4$ 5% (reagiert wie $FeCl_3$):
Auch bei diesem Eisensalz ist das Resultat spärlich, doch etwas deutlicher als bei $FeCl_3$. Die Blaufärbung ist wenigstens im Rindenparenchym gut sichtbar, im Kallus weniger. Hier tritt die Reaktion wiederum in den Randzellen, also in den „Rindenschichten" des Kalluswulstes auf.

5. Vanillin-Salzsäure (reagiert mit hellvioletter Färbung auf Phenole und Ketone):
Diese Reaktion tritt sehr rasch ein, sie kann schon nach 2 Minuten beobachtet werden, und zwar in den Randzellen des Kallus und in Partien beginnender Verholzung. Im Rindenparenchym ist die Färbung besonders stark. Die Reaktion ist nicht auffallend an die bekannten Teilvakuolen geknüpft. Sie zeigt sich durch Auftreten gefärbter Körnchen oder Krümel bzw. größerer Entmischungen. Diese gefärbten Körper bilden nach längerer Zeit Kappen, Klumpen oder Zerrformen.

6. $K_2Cr_2O_7$ (reagiert ähnlich wie Na-Wolframat auf Gerbstoffe [Gallussäure und ihre Derivate] mit brauner Farbe; auf Flavonderivate mit dunkelgelber Anfärbung):
Es stellt sich sehr rasch (nach 5 Minuten) eine gelbbraune Färbung ein. Diese Reaktion findet man im Rindenparenchym sehr häufig. Im Kallus entstehen nach längerer Zeit wieder Kappen, wie sie schon öfter beschrieben wurden.

7. Barytlauge (gesättigt, bildet mit Kaffeesäure grünen Niederschlag; mit Flavonen ergibt sie dunkelgelbe Reaktion):
In Kalluszellen wirkt dieses Reagens sehr schnell und intensiv. Es gibt zuerst dunkelgelbe, körnige Niederschläge, die in der vorgegebenen Form bleiben (Kugel, Teilvakuolen in Zellecken). Später entstehen zum Teil auch Zerr- und Fließformen, ähnlich wie bei $K_2Cr_2O_7$ und Joachimowitz-Reagens. Die Reaktion stellt sich sehr häufig unregelmäßig verteilt im Kallus ein, besonders stark im Rindenparenchym, das fast schwarz erscheint. (Es fällt auf, daß die Wände deutlich hervortreten!)

8. p-Dimethylaminobenzaldehyd: (Joachimowitz-Reagens. Rotviolette Färbung oder Niederschlag deutet auf Catechine und Phlorogluzinderivate.)
Ergebnisse ähnlich wie bei der Vanillin-HCl-Methode. Die violettrote Färbung entsteht sofort, gleichzeitig mit einer Entmischung in Form von Kappen (vgl. Kaliumbichromat, Eisenchlorid), Klumpen und Schollen oder auch Körnchen. Es ist daneben auch eine gelbe Färbung zu erkennen, so als ob rote Farbträger in einer

gelben Masse liegen würden. Die Reaktion findet wieder im Rindenparenchym am ausgeprägtesten statt, aber auch im Kallus in stärkerem Maß als sonst; es werden vor allem die schon im Hellfeld ohne Reaktion stark hervortretenden Teilvakuolen sehr kräftig angefärbt. Auch am Rand des Kallus findet die Reaktion statt.

  9. Osmiumsäure 10% (bildet mit Gerbstoffen einen feinkörnigen Niederschlag).

  Im Rindenparenchym tritt bald eine Schwärzung durch sehr feinkörnigen Niederschlag ein. In den erwähnten Teilvakuolen des Kallus ist die Reaktion schwächer, sie erweckt den Eindruck einer grauen Färbung.

  10. NH_3, Dampf oder n/10 Lösung (gibt mit Polypheholen — Flavonen — eine zitronengelbe Färbung; mit Gerbstoffen eine sehr feinkörnige gelbgraue Fällung).

  Die Reaktion erfolgt an verschiedenen Stellen im Kallus als reine Gelbfärbung nach 5 Minuten, sie erstreckt sich jedoch in dieser Form nie auf die gerbstoffhaltigen Teilvakuolen. In diesen ergibt sich der graugelbe feinkörnige Niederschlag. Die reine Flavonreaktion ist nicht sehr häufig und es ist nicht leicht, sie bestimmten Zellen zuzuordnen. Im Rindenparenchym wurde sie selten festgestellt.

  Es war auffallend, daß die Flavonreaktion mit NH_3 im September am reinsten und häufigsten eintrat (schon nach 2 Minuten, während gleichzeitig die Eisenreaktionen keine Ergebnisse brachten).

Tabelle 6

Reagenzien zum Nachweis sekundärer Speicherstoffe

Reagens	Anwendung	Reaktion	Chemischer Hinweis
Ammoniak	n/10	gelbe Farbe	Flavone
	Dampf	feiner Niederschlag	Gerbstoffe
Barytlauge	gesättigte	grüne Farbe	Kaffeesäure
	Lösung	dunkelgelb	Flavone
Eisenchlorid	5%	grüne Farbe	Catechingerbstoffe
Eisensulfat	5%	blaue Farbe	Pyrogallol, Phenole
		grünschwarz	Flavone (mehrere OH-Gruppen)
Kaliumbichromat ..	12%	gelbbraun	Gerbstoffe
Coffein	1%	körniger Niederschlag (Lebendfällung)	Gerbstoffe
p-Dimethyl-aminobenzaldehyd		rot- rotviolett	Catechin, Phloroglucin
Vanillin-HCl		hellrot- rotviolett	Phloroglucin, Resorcin, Phenole, Ketone, Catechin-Gerbstoffe
Osmiumsäure	10% 0,2%	Schwärzung	Gerbstoffe, Fette
$AgNO_3$............	1%	gelbe Färbung	red. Eigenschaften

Literatur: BOLAY 1960, HÄRTEL 1951, MOLISCH 1923, VAN WISSELINGH 1910.

Wurde ein NH_3-behandelter Schnitt einem Coffein-Einfluß ausgesetzt, so konnte die typische Fällung nur selten wahrgenommen werden, es trat aber eine Graufärbung ein, die auf einen sehr feinkörnigen Niederschlag hindeuten dürfte. Die Kontrolle mit Coffein allein ergab sofort reichlichen Niederschlag.

Um eventuelle Zusammenhänge der Entmischungen bei neutralrotgefärbten Zellsäften mit den Inhaltsstoffen, die durch Coffein ausgefällt wurden, besser zu erfassen, wurde der Versuch unternommen, einen **gefärbten Schnitt** (10 Minuten in Neutralrot 1:10.000) einer 1,0% **Coffeinlösung** auszusetzen.

Das Ergebnis war folgendes:

1. Positiv metachromatisch (orangerot) gefärbte Zellen nahmen durch die Wirkung des aufgenommenen Coffein im Zellsaft einen negativ metachromatischen Charakter an (vgl. FLASCH 1955).

2. In Zellsäften, in denen nach dieser kurzen Färbezeit schon krümelförmige und körnige Entmischung eingetreten war, änderte sich nicht sehr viel. Die Entmischungen blieben erhalten, doch dunkelte ihre Farbe.

3. In negativ-metachromatischen (diffus violettrot) gefärbten Zellsäften trat eine mehr oder weniger starke Schattierung des Farbtones auf, was auf eine sehr feinkörnige Entmischung hinweisen dürfte. Daneben trat aber auch der Fall ein, daß die Diffusfärbung erhalten blieb, ohne daß irgend etwas von einer Entmischung festzustellen gewesen wäre.

Dieses Ergebnis verstärkt den Eindruck, daß zwischen der körnigen Entmischung in manchen Zellsäften und den tropfigen und kugeligen Ausfällungen in diffus gefärbten Vakuolen einerseits und dem mit Coffein nachweisbaren Stoff anderseits ein Zusammenhang besteht. Es zeigt sich aber auch, daß es diffus gefärbte („volle") Zellsäfte gibt, die bei dieser Versuchsanordnung keine Änderung erfahren. Das würde heißen, daß hier Stoffe vorliegen, die auf Coffeineinfluß nicht reagieren, aber doch eine negative Metachromasie hervorrufen. Da aber Flavonoide durch NH_3 nachzuweisen sind und Diffusfärbung mit Neutralrot nach BOLAY (1960) und KINZEL und BOLAY (1961) auf Flavonoide als Speicherstoffe Schlüsse zulassen könnte, dürfte dieser Fall auch hier vorliegen.

Die Versuche wurden auch an mehreren Pflanzen durchgeführt. Bei einem Vergleich der Reaktionen war auffallend, daß bei *Syringa* Coffein nur eine sehr schwache Reaktion ergab, während mit NH_3 sofort die Gelbfärbung eintrat. Andere typische Gerbstoffreaktionen (Vanillin-HCl, $K_2Cr_2O_7$, $Ba(OH)_2$, p-Dimethylaminobenzaldehyd), die sonst sehr zuverlässig waren, zeigten hier keine Reaktion. Mit Neutralrot erhielten wir aber volle, diffus gefärbte

Zellsäfte. Das bestätigt ebenfalls die Annahme, daß ein Zusammenhang zwischen den Färbeerscheinungen und der Art der sekundären Inhaltsstoffe besteht.

Zusammenfassend kann also festgestellt werden, daß diese Stoffnachweise im Kallus Gerbstoffe aufzeigen. (Eine kurze zusammenfassende Darstellung, was unter diesem Begriff zu verstehen ist, ist bei Bolay 1960: 279 zu finden.) Durch NH_3 sind in den Schnitten Polyphenole der Flavongruppe nachgewiesen, auch die dunkelgelbe Reaktion mit $Ba(OH)_2$ spricht für Flavone. Ein Nachweis mit Vanillin-HCl, der allgemein auf Phenole und Ketone deutet, gibt ein sehr deutliches Ergebnis. Die Reaktionen mit Coffein und $K_2Cr_2O_7$, die in unserem Fall sehr rasch gut sichtbare Ergebnisse bringen, werden oft als „Gerbstoffnachweise" bezeichnet (z. B. Van Wisselingh 1915), wenn sie auch genau genommen bloß für phenolische OH-Gruppen eindeutig zu werten sind. Die Reaktionen mit Vanillin-HCl und p-Dimethylaminobenzaldehyd sind auch nur im weitesten Sinn als Catechinnachweis zu verstehen, in Wirklichkeit sprechen aber die darin enthaltenen Phlobaphene und das Phloroglucin mit seinen phenolischen Hydroxylen positiv auf diese Reagenzien an. Die Eisensalze, die zahlreiche phenolische Hydroxylgruppen nachweisen sollen, sprechen nur schwach an. Die Färbung ist eher blau, was auf Gerbstoffcharakter hinweist. Die Grünfärbung, die die OH-Gruppen an Flavonoiden bezeugt, fehlt vollständig. Die Zuordnung der beschriebenen, mikrochemisch nachweisbaren Stoffgruppen zu bestimmten Entmischungsformen im Verlauf der vitalen Anfärbung war in den Versuchen durchaus möglich. Es bestätigt sich also die Annahme von Kinzel und Bolay (1961), daß die Vitalfärbung aus der Form der auftretenden Entmischungen Schlüsse auf die farbspeichernden Stoffe zuläßt.

Neben der Art der Inhaltsstoffe scheint aber auch ihre Konzentration eine Rolle zu spielen. Einen Anhaltspunkt dafür gibt das Plasmolyseformverhalten von diffus gefärbten, negativ metachromatischen Zellsäften. Diese sind sichtlich viskoser und beinhalten zum kleineren Teil Flavonoide (vgl. NH_3-Reaktion), zum größeren Teil aber Gerbstoffe (siehe Coffein-Reaktion — feiner, submikroskopischer Niederschlag, in kolloidaler Form; vgl. Kinzel und Bolay 1961: 199). Es könnte nun sein, daß neben den Faktoren, die durch ein Mischverhältnis verschiedener Stoffe (Gerbstoffe und Flavonoide) bedingt sind, auch eine höhere Konzentration eines Stoffes Bedeutung hat. Ein Modellversuch, der im folgenden beschrieben wird, scheint diese Annahme zu bestärken. Es wurden dazu in 5 Proberöhrchen gestufte Tanninlösungen von 10 % — 1 % — 0,1 % — 0,01 % — 0,001 % mit Neutral-

rot und Brillantcresylblau gefärbt (Farbstoffverdünnung betrug
1:50.000) und dann mit 1 cm³ Coffein 5% versetzt:

	Neutralrot	Brillantcresylblau	Rhodamin B
10%	klar violettrot	klar, blaugrün	klar, rot
	klar, fast ungefärbt	klar, fast ungefärbt	vollständig klar
1%	violetter Lack und viele Tröpfchen Niederschlag	blauer Lack, wenige Tröpfchen Niederschlag	Lack am Boden
0,1%	etwas getrübt rötlicher Lack	milchig blau wenig Lack	violett milchig wenig Lack
0,01%	rote ungetrübte Lösung Flocken	klare blaue Lösung kein Niederschlag	vollständig klare Lösung, kein Niederschlag

Genauere Stufung der Konzentration zwischen 10—1%:
(5 cm³ Lösung Neutralrot, 1 cm³ Coffein 1%)

Tannin %	Erscheinungsbild mit Coffein
10	klare Lösung, violettrot
9	klar violettrot
8	klar violettrot
7	klar violettrot
6	leichte Trübung der Lösung, Färbung wird heller, nach Schütteln entsteht leichter violetter Schaum
5	leichte Trübung, rote Lösung (!), violettroter Lack am Boden in feinen Tröpfchen
4	klare Lösung, ganz durchsichtig, sehr schwache Färbung (rot), violetter Lack am Boden als Überzug
3	klare, fast ungefärbte Lösung; dunkelviolettroter Lack am Boden, etwas dichter als bei 4%
2	klare, ungefärbte Lösung; Lack ist ziemlich dicht
1	Lösung ist vollständig klar und ungefärbt. Der violette Lack ist am Boden zusammengeronnen

Diese Versuche zeigen also, daß die Gerbsäure in größeren
Konzentrationen mit Coffein den Farbstoff in Lösung hält, während
dann ein Tanningehalt ab 6% eine gefärbte Ausfällung in Form
einer lackartigen, zähflüssigen Masse ergibt. In ganz geringen
Konzentrationen (0,01%) wird der Farbstoff in Flocken ausgefällt.
Es erfolgt diese Ausfällung allerdings viel früher bei Anwesenheit
des Gerbstoffes und gleichzeitiger Einwirkung von Coffein.

Man könnte sich nun vorstellen, daß auch im Zellsaft die
Gerbstoffe in verschiedenen Konzentrationen vorhanden sind und
nach Färbung und Einwirkung von Coffein sich in ähnlicher Weise
entmischen. Es würde dann die krümelförmige Entmischung in
den Zellsäften den Flocken bei sehr geringen Konzentrationen der

Gerbsäure (Tannin) im Modellversuch entsprechen. Die krümeligen und körnigen Entmischungen wären unter solchen Aspekten nur bei geringer Gerbstoffkonzentration als Kriterium für die Anwesenheit des Speicherstoffes zutreffend.

Die Ergebnisse der Gerbstoff- und Flavonreaktionen könnten es also wahrscheinlich erscheinen lassen, daß in der Vakuole einer Kalluszelle nicht bloß ein einziger Stoff vorhanden ist, sondern mehrere sekundäre Speicherstoffe im Zellsaft abgelagert sein können.

Zum Abschluß soll noch einmal festgehalten werden: Die auffälligen Teilvakuolen, die im Laufe dieser Untersuchungen immer mehr in den Mittelpunkt des Interesses rückten, sind extrem gerbstoffhaltige Zellteile. Bezieht man die Ergebnisse des beschriebenen Modellversuches mit ein, so darf man annehmen, daß der diffuse Färbetyp vieler Teilvakuolen, die sich durch ihre große Zähigkeit und durch stärkere Lichtbrechung von den dünnflüssigen Zellsäften abheben, auch für eine hohe Konzentration an Gerbstoffen bezeichnend ist. Es scheint also, daß in Kalluszellen Gerbstoffe innerhalb einer einzigen Zelle viel stärker konzentriert sind als dies sonst üblich ist. Findet sich diese Ansammlung von Gerbstoffen in einer Teilvakuole der Zelle, so gehört die Hauptvakuole dem „leeren" Färbetypus an. Daneben sind auch Flavone deutlich nachgewiesen. Sie sind einerseits in eigenen Zellsäften gespeichert, andererseits in Vakuolen und Teilvakuolen, die auch Gerbstoffe führen (vgl. BOLAY 1960).

Die physiologische Bedeutung dieser verschiedenen Inhaltsstoffe betrifft aber nicht bloß die einzelne Zelle, sondern auch das ganze Gewebe. Um das näher betrachten zu können, müssen wir den Ort der Anhäufung bzw. des Fehlens von Gerbstoffen beachten. Es wurde oben gezeigt, daß die Zellsäfte, die sich einheitlich verhalten, oft in Zellreihen gelegen sind. Demgegenüber finden sich im Kambium und in den Zellen am äußersten Rand des Kallus nie volle Zellsäfte (Abb. 16). Mit diesem Befund sind die Tatsachen vergleichbar, daß in der Wachstumszone keine Flavone oder Zimtsäurederivate zu finden sind (REZNIK und NEUHÄUSEL 1959), und daß in der Wachstumszone keine Färbung anzutreffen ist (KINZEL und PISCHINGER 1962). BENNEKER konnte feststellen, daß unter dem Vegetationskegel und an der Basis der von ihm untersuchten Ausläufer und Rhizome Gerbstoffe im Maximum vorkommen, während bei Gewebedifferenzierung und in Streckungszonen ein Gerbstoffminimum anzutreffen ist (BENNEKER 1915; die Untersuchungen von LUHAN [1957] und KASY [1951] brachten allerdings keine vergleichbaren Ergebnisse).

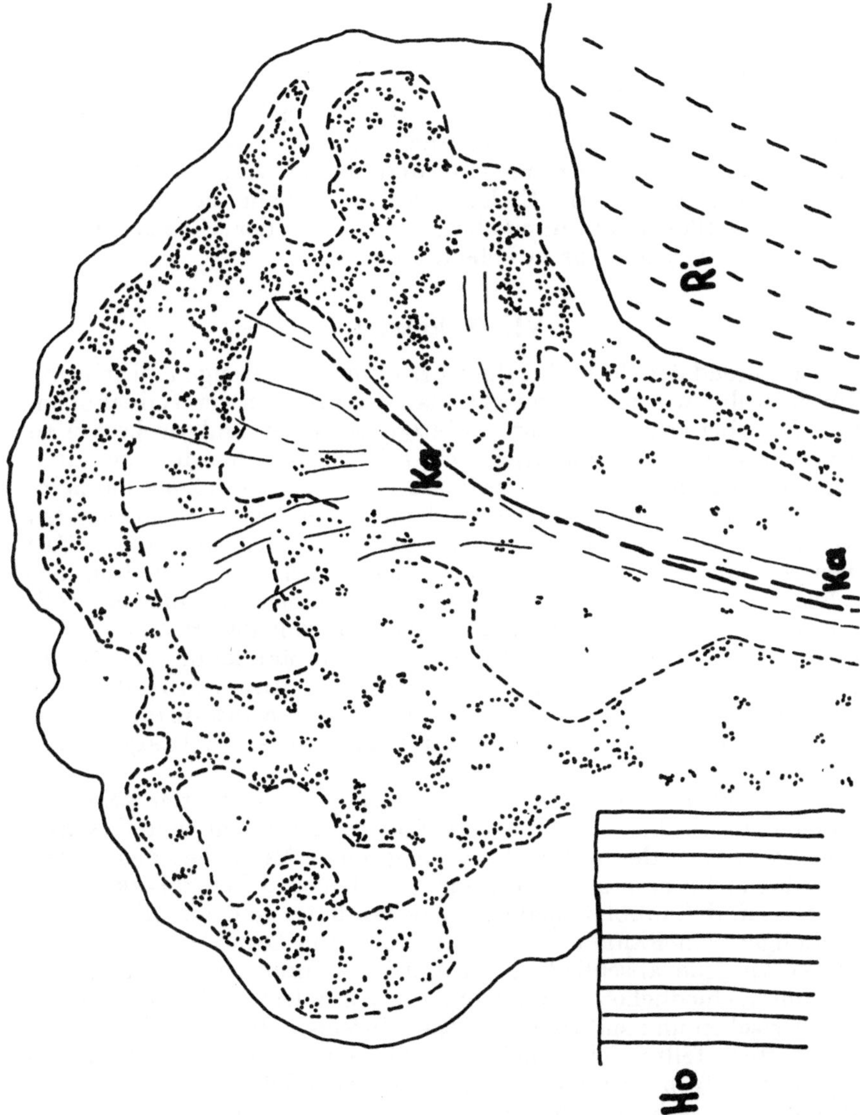

Abb. 16. *Salix smithiana*, Kallus (6 Tage alt, 32°C, Coffeinreaktion): Verteilung der Gerbstoffe in einem wenig differenzierten Kallusgewebe. Am Rand und an Stellen lebhafter Teilungstätigkeit tritt mit Coffein keine Fällung ein.

Solche Beobachtungen scheinen die von Reznik geäußerte Annahme eines Zusammenhanges der Ligninbildung und der Flavonoidbildung über einen Zimtsäuremetabolismus zu unterstützen (Reznik 1958, 1960). Seine Vorstellung vom Ablauf der physiologischen Vorgänge, daß im Pflanzenreich die Exkretion in zwei Richtungen stattfindet (nämlich auf einem Weg zum Zellsaft hin = chymotrope Exkretion und einem Weg zur Zellwand hin = membranotrope Exkretion), erschließt ein Verständnis der ganzheitlichen Zusammenhänge zwischen der Einzelzelle und dem ganzen Organismus in hohem Maß.

VI. Diskussion

Während der Versuche, die zu Beginn ohne strenge Zielrichtung durchgeführt wurden, zeigte sich, daß das Problem der Teilvakuolen in vitalfärberischer Hinsicht am interessantesten und am besten zu erfassen war. Die Unklarheit, ob es sich bei den beobachteten Phänomenen um sehr große, primäre Entmischungskörper handelte oder um Teilvakuolen, konnte bald zugunsten letzterer entschieden werden. Das Plasmolyseformverhalten, das sich in diesem Fall weniger auf das Plasma, sondern mehr auf das Verhalten des seltsamen Vakuolentyps bezog, gab zu erkennen, daß hier ein Zellteil vorlag, der durch Plasmabestandteile von der Hauptvakuole getrennt war, also eine Teilvakuole darstellt. Man kann nun geradezu sagen, daß das Vorkommen primär unterschiedlicher Vakuolen in einer Zelle eines der anatomisch und physiologisch wichtigsten Kriterien des Kallusgewebes ist.

Verschiedene Vakuolentypen in einer Zelle waren schon in anderen Fällen bekannt. Ich verweise auf die Arbeit von Van der Merwe (1958), der mit zellphysiologischen Methoden das unterschiedliche Verhalten von Plasmavakuolen und Zentralvakuole in Blüten- und Laubblattepidermen behandelte, und auf die Untersuchungen von Fabbricotti-Oberrauch (im Druck), die zum Teil direkt an jene anschließen. Fabbricotti-Oberrauch behandelte die unterschiedlichen Vakuolentypen vor allem in Blütenblättern mit basischen und sulfosauren Vitalfarbstoffen. Mit basischen Vitalfarbstoffen stellte sich dabei eine Differenzierung hinsichtlich des Speicherstoffgehaltes heraus. Die Zentralvakuole reagierte negativ metachromatisch, gehörte also dem speicherstoffreichen, „vollen" Typ der Zellsäfte an, die Außen- oder Plasmavakuole ließ hingegen positive Metachromasie erkennen, ist also „leer". Es erhebt sich nun die Frage, inwieweit diese hier berichtete Vakuolendifferenzierung in der vorliegenden Untersuchung eine Entsprechung findet, und ob überhaupt ein vergleichbares Resultat vorliegt.

Wir stehen vor der Tatsache, daß in Kalluszellen, die den basischen Vitalfarbstoff zu negativer Metachromasie anregen, die metachromatischen Erscheinungen bloß auf einen Teil des gesamten Zellsaftvolumens beschränkt bleiben. Es präsentiert sich also der Zellsaftraum in zwei Teilen, von denen der eine überaus speicherstoffreich ist, der andere aber im Extremfall speicherstoffarm, in den meisten Fällen sogar speicherstoffleer ist, während dann, wenn nur positive Metachromasie in der Zelle vorhanden ist, die Vakuole ungeteilt bleibt und so durchaus dem Normaltypus der „erwachsenen" Pflanzenzelle entspricht.

Wie steht es nun mit dem Chemismus in solchen geteilten Vakuolen? Die diesbezüglichen Versuche erstrecken sich auf zwei Stoffgruppen, die im Großen gesehen wiederum einem gemeinsamen Typ zugehören, nämlich auf Gerbstoffe und Flavonoide. Diese Wahl war naheliegend, weil eben diese beiden Gruppen farbespeichernder Stoffe als Erreger der negativen Metachromasie im Zellsaft gesichert sind (HÄRTEL 1951, KINZEL 1958; vgl. auch BOLAY 1960, KINZEL und BOLAY 1961). In den Teilvakuolen, die die negative Metachromasie in ausgeprägter Form zeigen, ließ sich nun Gerbstoff in hoher Konzentration nachweisen. Es handelt sich hier tatsächlich um einen Sonderfall. Die Ausfällung der Gerbstoffe durch Coffein gelang in einer Weise, die den Reaktionen an äußerst gerbstoffreichen Idioblasten ähnlich war (vgl. dazu KASY 1951, WALDHEIM 1955, LUHAN 1957, BANCHER und HÖLZL 1960). Diese hohe Gerbstoffkonzentration schließt jedoch keineswegs einen Flavonolgehalt aus, der ebenfalls sicher festgestellt werden konnte. Wollte man also die Vakuolentypen bei FABBRICOTTI-OBERRAUCH bzw. diejenigen bei VAN DER MERWE zu diesen Teilvakuolen in Beziehung setzen, so entspräche dem Speicherstoffgehalt nach die Zentralvakuole der meist kleineren Teilvakuole im Kallus, während die Hauptvakuole im Kallus in ihrem Färbeverhalten den Plasmavakuolen gleichkäme. Die vorliegenden Untersuchungen rechtfertigen diese Zuordnung jedoch nicht, da die Plasmavakuole (nach FABBRICOTTI-OBERRAUCH) mit keinem Vakuolentyp im Kallus gleichzusetzen ist. Wir haben also im Kallus einen anatomischen und physiologischen Sonderfall vor uns.

Wenden wir uns nun der Frage nach der stofflichen Zuordnung von Entmischungen in vollen Zellsäften zu. Sie wurde auf verschiedene Weise zu lösen versucht. Die wohl am besten fundierte Ansicht stammt von KINZEL und BOLAY (1961), die an Hand zahlreicher Versuche nach Vitalfärbung eine Neigung zur Krümel- und Dendritenfällung bei Gerbstoffgehalt nachweisen konnten, während größere Entmischungskugeln bzw. Diffusfärbung eher auf Speicherung von Flavonoiden hinweisen. Eine andere Möglichkeit zeigen BANCHER und HÖLZL (1960) auf. Sie unterscheiden Inhaltsstoffe voller Zellsäfte, die bei großer Stoffumsetzung und bei reichlicher Sauerstoffversorgung im Zellsaft gut gelöst vorhanden sind. Es dürfte sich dabei nach BANCHER und HÖLZL um glykosidische Flavonoide (Flavonole) handeln. Außerdem kämen Stoffe in Frage, die bei Sauerstoffmangel in schlecht löslicher Form gespeichert werden und dann mit basischen Vitalfarbstoffen recht rasch in krümeliger Form ausfallen. Nach den beiden Autoren könnte es sich dabei hauptsächlich um entsprechende Aglyka handeln.

Die Ergebnisse der vorliegenden Untersuchungen (besonders die mikrochemischen Reaktionen auf Gerbstoffe und Flavonoide) zeigen nun, daß diejenigen Zellsäfte bzw. Teilvakuolen, die nach KINZEL und BOLAY (1961) als gerbstofführend anzusprechen sind und die nach BANCHER und HÖLZL (1960) in schlechtlöslicher Form Aglyka von Flavonoiden enthalten könnten, mit einer Reihe von Gerbstoffreaktionen positive Ergebnisse zeitigen. Anderseits reagierten andere Vakuolen und Teilvakuolen, die KINZEL und BOLAY als flavonhaltig bezeichnen würden und die nach BANCHER und HÖLZL Flavonglykoside in gutlöslicher Form enthalten könnten, mit NH_3 positiv.

Die verschiedene Form der Entmischung mit Neutralrot — und in Verbindung damit die mikrochemischen Stoffnachweise — legen aber noch einen weiteren Aspekt nahe. Es entsteht nämlich der Eindruck, als würde für die Form der Entmischung nicht bloß die Art des gespeicherten Stoffes sondern auch seine Konzentration von Bedeutung sein. Ein Modellversuch scheint eine gewisse Stütze für diese Ansicht abzugeben. Danach würde die krümelige Ausfällung im Zellsaft analog der flockenartigen Fällung im Modellversuch bei schwachen Konzentrationen auf geringere Mengen des Stoffes im Zellsaft schließen lassen. Natürlich wäre dann umgekehrt für Vakuolen mit tropfigen und diffus gefärbten Inhaltskörpern eine höhere Konzentration des Speicherstoffes anzunehmen, wie ja auch im Modellversuch in hohen Konzentrationen ein negativ metachromatisch gefärbter Stoff in zähflüssiger Form ausfiel. Neben der Art und Konzentration von Inhaltsstoffen spielen aber für die Zustände und Vorgänge im Zellsaftraum auch noch andere Faktoren (z. B. wäßrige oder kolloidale Form der Lösung, p_H-Änderungen) eine Rolle. Sie sollten jedoch in dieser Arbeit nicht näher untersucht werden.

Betrachten wir nun die Verteilung der Speicherstoffvakuolen und der leeren Zellsäfte im Kallusgewebe näher. Bei einem Kallus in einem etwas weiter fortgeschrittenen Entwicklungsstadium fällt ja nach Anwendung basischer Farbstoffe sofort die Reihenanordnung der vollen Zellsäfte auf (vgl. dazu die Übersichtsskizze Abb. 14). Solche Zellreihen sind meist ziemlich lang und liegen zu mehreren nebeneinander, so daß sie größere Flächen in einem Schnitt ausfüllen. Sie liegen immer außerhalb eines vielleicht schon gebildeten Holzteiles im Kallus.

Betrachtet man hinsichtlich der Verteilung von Inhaltsstoffen den Steckling, aus dem sich der Kallus bildet, so fällt auf, daß wir vor allem im Rindenparenchym (besonders in den äußeren Partien) Zellen mit sehr speicherstoffreichen Vakuolen finden. Allerdings konnte hier niemals eine Teilung des Saftraumes in eine Hauptvakuole und eine Teilvakuole beobachtet werden.

Demgegenüber befinden sich die leeren Zellsäfte in der äußersten Randschicht des Kallus und regelmäßig im Kambium des Stecklings, also in Zellen, die jederzeit teilungsfähig sind und einen recht undifferenzierten Typ darstellen. Bei Populus ist uns aufgefallen, daß im Rindenparenchym nicht volle, sondern leere Zellsäfte sind, daß aber von diesem „leeren" Rindenparenchym sehr lebhafte Kallusbildung ausgeht. Es befinden sich hier im Rindenparenchym Zellen ohne sekundäre Speicherstoffe (weniger ausdifferenziert), also „junge", gut teilungsfähige Zellen.

Eine ähnliche Beobachtung konnte an Zellen, die gerade in Verholzung begriffen waren oder sich unmittelbar vor diesem Vorgang befinden, gemacht werden. Sie weisen ebenfalls leere Zellsäfte auf, während Zellen, die gleich daneben liegen, aber augenscheinlich keine Verholzung „beabsichtigen", kleine Speicherstoffmengen enthalten. Dies könnte bedeuten, daß die Abscheidung sekundärer Speicherstoffe in eine andere Richtung geht, nämlich nicht in den Zellsaft, sondern in die Zellwand (vgl. Diskussion der chymotropen und membranotropen Exkretion bei Pflanzen). Aus solchen Befunden ergibt sich, daß Zellen, die jung und unverbraucht und im Wachstum begriffen sind (wie eben Kambiumzellen, oder die Randzelle im Kallus), leere Zellsäfte haben. Doch finden wir in der Literatur Angaben, daß in der Regel die Wachstumszone mit basischen Vitalfarbstoffen ungefärbt bleibt (vgl. KINZEL und PISCHINGER 1962 mit Literaturangaben). Eine gewisse Übereinstimmung zu unseren Befunden besteht aber doch, wenn z. B. BURIAN (1962) berichtet, daß bei den Lebermoosen *Calypogeia fissa* und *trichomanis* die jungen Zellen leer sind und dann im Laufe der Steigerung des Stoffwechsels während der Monate März bis Juni voll werden. Eingehende Untersuchungen von LUHAN (1957) an den Rhizomen einiger Wasserpflanzen erweisen hingegen wieder, daß die Ansammlung von Speicherstoffen in den Zellen artspezifisch ist. Sie kann keine Regel für die Verteilung von vollen und leeren Zellsäften feststellen. So ist bei *Potamogeton lucens* die Endodermis leer, bei *Sparganium ramosum* hingegen voll gefärbt; die Epidermis beim einen voll, beim anderen leer. Das Mark weist ebenfalls gegensätzliche Färbung auf. Auch die reichhaltigen Untersuchungen von KASY (1951) an zahlreichen krautigen Blütenpflanzen lassen für die Zuordnung von vollen oder leeren Zellen zu bestimmten Geweben keine Regel ableiten, wenn sich auch die Epidermis in den meisten Fällen voll färbt und das Parenchym im Stengel mehr leere als volle Zellsäfte aufweist.

Man wird also aus diesen Untersuchungen an Kalluszellen bestätigt finden, daß die pflanzliche Zelle bei normalen Stoffwechselbedingungen, wenn sie nicht weiter differenziert ist, auf der Höhe ihrer Leistungsfähigkeit leere Zellsäfte aufweist, während volle Zellsäfte auf einen differenzierten Stoffwechsel hinweisen. Im Kallus haben wir nun ein sehr „raschlebiges" Gewebe vor uns, wenigstens in unseren künstlich gezogenen, mit gesteigerter Temperatur beschleunigten Entwicklungen. Es erfolgt also sehr rasch eine Differenzierung der Zellen. Dies äußert sich zuerst im Vollwerden vieler Zellsäfte und dann auch in der früh einsetzenden Verholzung im Kallus. Auch die Erscheinung der Doppelvakuole im Kallus dürfte damit im Zusammenhang stehen. Die Schnelligkeit der Stoffwechselabläufe könnte es in der Zelle erforderlich machen, den normalen Saftraum als ein Reservoir wichtiger Materialien im Stoffumsatz, von den rasch anfallenden Sekundärstoffen frei zu halten. Im ruhigen Ablauf der Entwicklung normaler Zellen werden die Sekundärstoffe im ganzen Zellsaft gesammelt. Das geschieht auch im Kallus normalerweise. Es ist bezeichnend, daß in den Reihenzellen, die wohl eine verhältnismäßig geregelte und ungestörte Entwicklung nehmen, in keiner Zelle Teilvakuolen anzutreffen sind. Wir finden nur volle ungeteilte Zellsäfte. In Partien aber, die viel lockeres und rasch entwickeltes Zellmaterial haben, findet man die Doppelvakuolen recht häufig.

Wenn man die Verhältnisse so ansieht, müßte man auch die Frage, ob die Sekundärstoffe erst nach längerem Transport in bestimmten Speicherzellen gesammelt werden („Gerbstoffidioblasten") oder ob sie ein Eigenprodukt der Zelle sind, eher in diesem Sinne entscheiden: daß sie Sekundärprodukte des Zellstoffwechsels sind und nicht transportiert werden, es sei denn, sie würden wiederum in den Stoffwechsel einbezogen, was man für möglich halten kann (REZNIK 1960).

Eine ähnliche Fragestellung ergibt sich für die Ligninbildung. Schon VAN WISSELINGH hat 1915 einen Zusammenhang zwischen Gerbstoffgehalt und Wandbildung festgestellt. WACEK äußerte beim 4. internationalen Biochemikerkongreß 1958 (berichtet von FREUDENBERG), daß bei der Kallusbildung „offenbar das Gewebe auch einen Baustein, der das C_6C_3-Gerüst enthält, aufbauen" kann. Nun spielt aber dieser Baustein sowohl für die Ligninbildung als auch für die Flavonoidbildung eine Rolle, wie dies REZNIK des öfteren darlegte (1959, 1960). Nach seiner Vorstellung ist der Zimtsäurestoffwechsel „ein polytroper Entgiftungsmechanismus", der zwei mögliche Wege offen läßt: einerseits einen Weg zur Zellwand hin durch Ligninbildung (membranotrope Exkretion) und anderseits einen Weg zum Zellsaft hin durch Flavonoidbildung (chymotrope Exkretion). Er stellt in einem Schema die Möglichkeit dar, wie diese zwei Vorgänge, die im Pflanzenreich eine sehr verbreitete und bedeutende Rolle spielen, miteinander in Beziehung stehen. Dies scheint doch wenigstens von experimentell-physiologischer Seite her in den vorliegenden Untersuchungen eine gewisse Bestätigung zu finden. Der regere Stoffwechsel äußert sich eben nicht bloß in gesteigertem Wachstum und vermehrter Teilungstätigkeit, sondern wird sich auch in stärkerer Erzeugung von Sekundärstoffen auswirken, möglicherweise in Form von Gerbstoffen und Flavonoiden, die in Kallusgewebe reichlich nachgewiesen wurden.

Wieweit jedoch die große Gruppe der Gerbstoffe durch ihre Verwandtschaft zu den Flavonoiden wirklich mit dem Zimtsäuremetabolismus im Zusammenhang stehen, müßte erst erwiesen werden. REZNIK (1960) geht in seiner „Vergleichenden Chemie der Phenylpropane" nur (dafür aber gesichert und konkret) auf die Ligninbausteine und auf die eigentlichen Flavonoide ein. Es scheint jedenfalls von Interesse zu sein, daß im Kambium, in den Kallusrandzellen und in Zellen, deren Wände sich eben zu verholzen beginnen, immer leere (ohne Sekundärstoffe) und nie volle (speicherstoffführende) Zellsäfte liegen.

Zum Abschluß dieser Besprechung soll noch kurz auf ein Problem eingegangen werden, das sich bei der Untersuchung von Kallusgewebe immer wieder stellt, nämlich die Frage der Gewebedifferenzierung. Das Grundproblem ist: Wie kommt es zu einer Kambiumbildung in diesem ungeordneten Zellmaterial? Die Bilder im III. Teil dieser Arbeit veranschaulichen die Tatsache, daß in den frühen Stadien der Kallusbildung (auch wenn die Masse der Zellen schon ziemlich groß ist) ein Kambium nicht zu unterscheiden ist. Erst nach einiger Zeit wird es sichtbar, wie es sich scheinbar aus dem Kambium des Stecklings herausentwickelt und dann gegen den Holzteil hin einen Bogen bildet. Es ist jetzt die Frage, ob sich das Kambium des Kallus aus dem Kambium des Stecklings entwickelt, etwa in der Art, daß den Zellen eine bestimmte Anlage mitgegeben wird, die sich dann zur gegebenen Zeit entfaltet. Eine andere Möglichkeit wäre, daß äußere, nicht endogene Faktoren eine Kambiumbildung in bestimmter Lage induzieren. Warren und Wilson (1961) stellen ganz allgemein für Kambiumbildung eine Arbeitshypothese auf, in der sie die Wirksamkeit eines „Induktionsgradienten" als Ursache der Kambiumbildung anderen Theorien gegenüberstellen. Die vorgelegten Resultate sprechen nun weniger dafür, daß es im Kallus sozusagen „prädestinierte" Zellen für das Kambium gibt. Wir können keine Zone im jungen Kallus unterscheiden, die in der Zellform (gestreckt prismatische Zellen) oder in der Färbung (positiv metachromatische Zellsäfte) gewisse Anzeichen für die Entwicklung eines Kambiums im Zusammenhang mit einem „Mutterkambium" bietet. Wohl aber kann aus diesen Ergebnissen die Wirksamkeit zahlreicher Faktoren (Gewebespannung, Sauerstoffversorgung, Ernährungslage) als Grund für eine Kambiumbildung als denkbar angenommen werden. Man kann sich nun vorstellen, daß alle diese Faktoren in einer bestimmten „Lage" im gebildeten Gewebe wirksam werden. Es würde also ein Gesetz der Lage (vgl. Guttenberg 1955, Huber 1961) weniger als Ausdruck einer inneren, fixierten Anlage im Gewebe aufzufassen sein, sondern vielmehr als Effekt einer geänderten Gewebespannung oder modifizierter physiologischer Verhältnisse.

VII. Zusammenfassung

Es wurden verschiedene Holzpflanzen auf die Möglichkeit und Schnelligkeit ihrer Kallusbildung hin untersucht. Neben einigen Versuchen über die Rolle, welche Arteigenheit, Temperatur und Gewebelage für die Kallusbildung spielen, bildete die physiologische Untersuchung durch Vitalfärbung in Verbindung mit Plasmolyse und einigen mikrochemischen Stoffnachweisen an *Salix smithiana* den Hauptgegenstand dieser Arbeit.

1. Prinzipiell zeigen alle untersuchten Holzpflanzen die Bereitschaft, Kallus zu bilden.

2. Die Zeit, die benötigt wird, um Kallus zu bilden, ist trotz starker individueller Unterschiede als artspezifisch anzusehen.

3. Im Gegensatz zu anderen Untersuchungen (Kny, nach Küster 1925) wurde festgestellt, daß die Kallusbildung bei höheren

Temperaturen beschleunigt vor sich geht; jedenfalls fand sich kein Optimum bei 18⁰ bzw. 21⁰C.

4. Die Lage der Verwundung im Gewebe beeinflußt die Kallus-produktion. Die frühere Beobachtung der Polarität (Küster 1925) wird bestätigt.

5. Bei Vitalfärbung fallen im Kallusgewebe zwei Vakuolentypen auf:

   a) positiv metachromatische, also „leere" Zellsäfte, die sich vor allem im Kambium und am Rand des Kallus finden;

   b) negativ metachromatische, „volle" Zellsäfte, die besonders häufig im Rindenparenchym und im Kallus reihenmäßig ge-ordnet liegen.

6. Es gibt im Kallusgewebe Zellen, die zweierlei Vakuolen besitzen, Haupt- und Teilvakuolen. Die beiden Typen unterscheiden sich vor allem durch ihren Chemismus. Die Hauptvakuole führt keine farbspeichernden Stoffe. Die Teilvakuolen sind nicht mit bisher untersuchten Klein- bzw. Plasmavakuolen zu vergleichen, sondern stellen einen Sonderfall im Kallusgewebe dar.

7. Die „vollen" Zellsäfte enthalten sekundäre Inhaltsstoffe der Gerbstoffgruppe und zum Teil Flavonoide; liegen die Stoffe un-vermischt vor, dann kommt es mit basischen Vitalfarbstoffen zu Entmischungen. Man kann (bestärkt durch einen Modellversuch) annehmen, daß für die Entmischungseffekte auch die Konzen-tration des Speicherstoffes eine Rolle spielt.

8. Die Anreicherung solcher Massen sekundärer Speicherstoffe aus der Gruppe der Phenolderivate kommt wohl — im Sinne Rezniks — durch gesteigerte chymotrope Exkretion zustande.

Literatur

Bancher, E. und K. Höfler, 1959: Protoplasma und Zelle, in Linser H., Grundlagen der allgemeinen Vitalchemie, 6. Band; Wien 1959.
— und J. Hölzl, 1960: Die Umwandlung leerer in volle Zellsäfte bei *Allium cepa* in Beziehung zur Flavonolbildung. (Spektrometrische und mikrospektrographische Messungen.) Flora *149*, 396.
Bartels, P. und H. O. Schwantes, 1955: Quantitative, mikrospektro-graphische Messungen zur Aufnahme von Thionin durch lebende Zellen von *Allium cepa*. Z. Naturforsch. *10b*, 712.
Benneker, E., 1915: Zur Kenntnis des Baues, der Entwicklung und der Inhaltsverhältnisse der Ausläufer und Rhizome. Inaug.-Diss., Göttingen.

BOLAY, E., 1960: Die Vitalfärbung voller Zellsäfte und ihre cytochemische Interpretation. S. Ber. Öst. Akad. Wiss., math.-naturwiss. Kl., Abt. I, *169*, 269.

BURIAN, K., 1962: Tonoplastenstudien an den Lebermoosen *Calypogeia fissa* und *trichomanis*. Protoplasma *55*, 607.

DRAWERT, H., 1938: Beiträge zur Entstehung der Vakuolenkontraktionen nach Vitalfärbungen mit Neutralrot. Ber. dtsch. Bot. Ges. *56*, 123.

— 1956: Die Aufnahme der Farbstoffe. Vitalfärbung. RUHLAND's Handb. d. Pflanzenphysiologie, Bd. II, 252.

ENCKE, F., 1958: Beschreibung, Kultur und Verwendung der gesamten gärtnerischen Schmuckpflanzen. *I*. Berlin, 2. Auflage.

ESCHRICH, W., 1956: Kallose (ein kritischer Sammelbericht). Protoplasma *47*, 387.

FABBRICOTTI-OBERRAUCH, J., 1963: Vitalfärbung von Pflanzenzellen mit Cyanol, Orange G und Ponceau durch aktive Aufnahme. Dissertation an der Universität Wien. Im Druck.

FLASCH, A., 1955: Die Wirkung von Coffein auf vitalgefärbte Pflanzenzellen. Protoplasma *44*, 412.

GUTTENBERG, H. v., 1955: Studien über die Entwicklung des Wurzelvegetationspunktes der Dikotyledonen. Planta *46*, 179.

HABERLANDT, G., 1922: Über Zellteilungshormone und ihre Beziehung zur Wundheilung, Befruchtung usw. Biol. Zentralblatt *42*, 145.

HÄRTEL, O., 1951: Gerbstoffe als Ursache „voller" Zellsäfte. Protoplasma *40*-338.

HIRN, J., 1953: Vitalfärbungsstudien an Desmidiaceen. Flora *140*, 453.

HÖFLER, K., 1947a: Was lehrt die Fluoreszenzmikroskopie von der Plasmapermeabilität und Stoffspeicherung? Mikroskopie *2*, 13.

— 1947b: Einige Nekrosen bei Färbung mit Akridinorange. S. Ber. Öst. Akad. Wiss., math.-naturwiss. Kl., Abt. I, *162*, 571.

— 1949a: Fluorochromierungsstudien an Pflanzenzellen. In: Beiträge zur Fluoreszenzmikroskopie („Mikroskopie", *1*. Sonderband, S. 46).

— 1949b: Fluoreszenzmikroskopie und Zellphysiologie. Biol. gen. *19*, 90.

— 1963: Zellstudien an *Biddulphia titiana* GRUNOW. Protoplasma *56*, 1.

HUBER, B., 1961: Grundzüge der Pflanzenanatomie; Berlin-Göttingen-Heidelberg.

HUBER, E., 1955: Über den schädigenden Einfluß von Neutralrot auf *Spirogyra*-Zellen. Protoplasma *45*, 491.

JANCHEN, E., 1956—1960, 1963: Catalogus Florae Austriae. I. Teil, 1—4, und Ergänzungsheft. Wien.

KASY, R., 1951: Untersuchungen über Verschiedenheiten der Gewebeschichten krautiger Blütenpflanzen. S. Ber. Öst. Akad. Wiss., math.-naturwiss. Kl., Abt. I, *160*, 510.

KAUSSMANN, B., 1963: Pflanzenanatomie. Jena.

KINZEL, H., 1955: Theoretische Betrachtung zur Ionenspeicherung basischer Vitalfarbstoffe in leeren Zellsäften. Protoplasma *44*, 52.

— 1958: Metachromatische Eigenschaften basischer Vitalfarbstoffe. Protoplasma *50*, 1.

— und E. Bolay, 1961: Über die diagnostische Bedeutung der Entmischungs- und Fällungsformen bei Vitalfärbung von Pflanzenzellen. Protoplasma *54*, 179.

— und I. Pischinger, 1962: Vitalfärbeversuche zur Lokalisation sekundärer Inhaltsstoffe bei *Helodea canadensis*. Protoplasma *55*, 555.

Kratzl, K., 1959: Biochemie des Holzes. Ein Bericht über Symposion II. In: IVth International Congress of Biochemistry 1958, Vol. *XIV*; Transactions of the plenary Sessions, *102*, Wien.

Krenke, N. P., 1933: Wundkompensation, Transplantation und Chimären bei Pflanzen. Berlin.

Küster, E., 1925: Pathologische Pflanzenanatomie. Jena.

Luhan, M., 1957: Das Verhalten der Rhizomgewebe einiger Wasser- und Sumpfpflanzen bei Vitalfärbung. Ber. dtsch. Bot. Ges. *70*, 361.

Meyer, L., 1956: Wachstum und Organbildungen an in vitro kultivierten Segmenten von *Pelargonium zonale* und *Cyclamen persicum*. Planta *47*, 401.

Molisch, H., 1923: Mikrochemie der Pflanze. Jena, 3. Auflage.

Perner, E. S., 1950: Die intravitale Fluoreszierung junger Blätter. Protoplasma *39*, 400.

Pfoser, K., 1959: Vergleichende Untersuchungen über Verholzungsreaktionen und Fluoreszenz. S. Ber. Öst. Akad. Wiss., math.-naturwiss. Kl., Abt. I, *168*, 523.

Pop, E. und V. Soran, 1962: Untersuchungen über die in den Zellen nach einer Vitalfärbung zu beobachtenden Körperchen und über die Bedeutung von Vakuolensubstanzen für deren Entstehung. Flora *152*, 91.

Reznik, H., 1959: Über den physiologischen Zusammenhang der Lignin- und Flavonoid-Bildung. In IVth International Congress of Biochemistry 1958, Vol. *II*, Biochemistry of Wood, *70*. Wien.

— 1960: Vergleichende Chemie der Phenylpropane. Ergebnisse der Biologie *23*, 14. Heidelberg.

— und R. Neuhäusel, 1959: Farblose Anthocyane bei submersen Wasserpflanzen. Z. Bot. *47*, 471.

Rogenhofer, G., 1936: Wirkung von Wuchsstoffen auf die Kallusbildung bei Holzstecklingen, I und II. S. Ber. Öst. Akad. Wiss., math.-naturwiss. Kl., Abt. I, *145*, 81 und 179.

Schlumberger, O., 1934: Wunden. In: Sorauer, Handbuch der Pflanzenkrankheiten *1/II*. Berlin, 6. Auflage, 168.

Sorauer, P., 1934: Handbuch der Pflanzenkrankheiten, *1. Bd./II*. Berlin.

Strasburger, E., 1962: Lehrbuch der Botanik für Hochschulen. Stuttgart.

Strugger, S., 1938: Die Vitalfärbung des Protoplasmas mit Rhodamin B und 6G. Protoplasma *30*, 85.

Troll, W., 1959: Allgemeine Botanik. Ein Lehrbuch auf vergleichend-biologischer Grundlage. Stuttgart, 3. Aufl.

Van der Merwe, W. J., 1959: Die Ausdifferenzierung des Vakuolensystems in Blüten- und Laubblattepidermen von *Primula kewensis*. Protoplasma *50*, 370.

Waldheim, W., 1955: Vitalfärbestudien mit Rhodamin B. Dissertation an der Universität Wien.

Weber, F., 1929: Vakuolenkontraktion, Tropfenbildung und Aggregation in Stomata-Zellen. Protoplasma *9*, 128.

Wilson, J. und P. M. Warren, 1961: The Position of Regenerating Cambia — a new Hypothesis. The New Phytologist *60*, 63.

Wisselingh, C. van, 1915: Über den Nachweis des Gerbstoffes in der Pflanze und über seine physiologische Bedeutung. Beiheft Bot. Zentralbl. *32/I*, 155.

Die in den Sitzungsberichten Abtlg. I und Abtlg. II der math.-nat. Klasse der Österr. Ak. d. Wiss.
erscheinenden Abhandlungen werden auch einzeln abgegeben. Sie können durch jede Buchhandlung
oder direkt durch die Auslieferungsstelle der Österreichischen Akademie der Wissenschaften (Wien I,
Singerstraße 12) bezogen werden.

Nachfolgende Abhandlungen aus dem Fach der **Z o o l o g i e** sind erschienen:

1959 (S I Bd. 168):

L ö f f l e r   H e i n z : Zur Limnologie. Entomostraken- und Rotatorienfauna des Seewinkelgebietes
    (Burgenland, Österreich) (mit 5 Textabbildungen und 4 Tafeln). S 60.20
R e m a u d i è r e   G e o r g e s : Zoologisch-systematische Ergebnisse der Studienreise von H. Janetschek
    und W. Steiner in die spanische Sierra Nevada 1954. XI. Homoptera, Aphidoidea (mit 12 Text-
    abbildungen). S 9.70
S c h u b a r t   O t t o : Zoologisch-systematische Ergebnisse der Studienreise von H. Janetschek und
    W. Steiner in die spanische Sierra Nevada 1954. XII. Diplopoda (mit 9 Textabbildungen). S 16.50
S c h u s t e r   R e i n h a r t : Ökologisch-faunistische Untersuchungen an den bodenbewohnenden Klein-
    arthropoden (speziell Oribatiden) des Salzlachengebietes im Seewinkel (mit 6 Textabbildungen).
    S 45.40
S t e i n e r   W a l t e r : Zoologisch-systematische Ergebnisse der Studienreise von H. Janetschek und
    W. Steiner in die spanische Sierra Nevada 1954. X. Springschwänze (Collembola) (mit 5 Text-
    abbildungen). S 12.90
W e t t s t e i n - W e s t e r s h e i m b   O t t o : Die alpinen Erdmäuse. S 10.—

1960 (S I Bd. 169):

A b e l   W . : Biophysikalische Gesetzmäßigkeiten am Vogelei (Das Aktivstufengesetz und Energie-
    gesetz) (mit 20 Abbildungen, davon 2 Abbildungen auf 1 Tafel). S 60.—
N e m e n z   H . : Experimente zur Ionenregulation der Larve von Ephydra cinerea Jones (Dipt.)
    (mit 7 Textabbildungen). S 20.30
V i e t s   O .   K u r t : Kleine Sammlungen von Wassermilben (Hydrachnellae und Porohalacaridae
    aus Österreich (mit 9 Textabbildungen). S 17.—

1961 (S I Bd. 170):

A b e l   E .   F . , Über die Beziehungen mariner Fische zu Hartbodenstrukturen (mit 5 Text-
    abbildungen). S 170—24, S 47.—
E i s e l t   J o s e f , Neubeschreibungen und Revision siphonostomer Cyclopoiden (Copepoda, Crust.)
    von der südlichen Hemisphäre nebst Bemerkungen über die Familie Artotrogidae Brady 1880
    (mit 18 Textabbildungen). S 170—29, S 82.—
G o z m á n y   L . , Zoologische Ergebnisse der Mazedonienreisen Friedrich Kasys. III. Teil: Lepidoptera:
    Gelechiidae. Eine neue Art der Gattung Eremica (mit 1 Textabbildung). S 170—28, S 5.—
H a n n e m a n n   H .   J . , Zoologische Ergebnisse der Mazedonienreisen Friedrich Kasys. II. Teil:
    Lepidoptera: Scythridae (mit 4 Textabbildungen). S 170—27, S 8.—
P e t r o v i t z   R u d o l f , Zoologische Ergebnisse der Österreichischen Karakorum-Expedition 1958.
    II. Teil: Coleoptera: Scarabaeidae (mit 12 Textabbildungen). S 170—5, S 17.90
S t a r m ü h l n e r   F e r d i n a n d , Eine kleine Molluskenausbeute aus Nord- und Ostiran (mit 1 Text-
    abbildung und 2 Tafeln). S 170—4, S 14.70
T o l l   S e r g i u s z , Zoologische Ergebnisse der Mazedonienreisen Friedrich Kasys. I. Teil: Lepidoptera:
    Choleophoridae (mit 54 Textabbildungen und 1 Tafel). S 170—26, S 33.—

1962 (S I Bd. 171):

B e i e r   M a x , Zoologische Studien in West-Griechenland. X. Teil. Walter Klemm, Die Gehäuse-
    schnecken (mit 1 Kartenskizze, 2 Abbildungen und 4 Tafeln) 171—7, S 55.—
S c h e d l   W o l f g a n g   Ein Beitrag zur Kenntnis der Pilzübertragungsweise bei xylomycetophagen
    Scolytiden (Coleoptera) (mit 16 Abbildungen) 171—19, S 39.—